點點煮意

30道中式點心新魅力

獨角仙 著

萬里機構

代序一

因為熱愛，仙姐（獨角仙）才會孜孜不倦的在麵包、點心的路上尋根究柢，繼續發光發熱。

與仙姐相識十多年，過去我都是擔任她的食譜編輯，自二〇〇八年開始，由《天然麵包香》至《點點我心》。她每一本新書，都讓我有驚喜，成品新穎，不落俗套，處處見心思。除了成品的外形，食譜步驟清晰、易明，彷彿仙姐在手把手的教導；近年仙姐的食譜更附上 QR code（二維碼），讀者們可細看她做點心的手勢，做包點時更得心應手。

雖然今次的《點點煮意》我只是旁觀者，但看見新書的相片，深深感受到仙姐熱愛烘焙的火仍非常熾烈，每一件成品都讓我有想吃、想動手做的慾望，也令我急不及待細閱食譜內容，當然也不會令我失望。

在紙本書面臨重重挑戰的年代，排除萬難地製作一本有厚度、有溫度、有深度的食譜殊不簡單，希望各位珍惜並跟隨成品步驟，炮製你想食的包點！

Catherine Tam

代序二

我是一名燈光人像攝影師。攝影對我來説，是對藝術創作的一個媒介。仙姐是一個對拍攝食物有着極高要求的人，我沒有影過食物，我到現在還不太明白，當初她明知這點，但仍然找我協助她拍攝這本書的成品照，是基於大家對創作那種非凡的觸覺？還是基於大家對藝術有種如深海聲納般的共鳴？但這些都不重要了，重要的是我想表達一種感恩的心情。

我覺得仙姐是一個很有自己想法的人，而且她對很多事情都有很高的要求，例如她會不斷重複又重複嘗試新的食譜，然而每次新的食譜都不是一朝半夕就能成功創作。縱然她有着豐富的經驗，但新的嘗試往往未必盡如人意。

「打開塵封的記憶，都是經歷的沉澱」。這些日子以來，她每個新食譜，都是經歷着無數的失敗及嘗試，才會出現在大家眼前。她如此堅持嘗試，相信她只是想把最好的分享給喜歡烹飪的每一位。對於一位燈光人像攝影師來説，這次的書本拍攝真的不易勝任，好高興要求高的仙姐亦很滿意這次的拍攝成品，在此再一次多謝仙姐當初的信任，祝仙姐的新書暢銷熱賣。

Jay Wu（攝影師）

Instagram: Spn_studio

序

中式糕點已有千年歷史，每款皆有各自的風格特色，雖然我國不同地區和省份都有自家的理論和做法，但這都是前人從無數失敗、無數的嘗試中所得來的變化。

在坊間，我們不難找到大同小異的食譜，但該怎樣去演繹，就須憑製作者所擁有的功力和經驗去實踐了。

我多年前曾參加一位師傅的課程，從中深深感受到同一個食譜在不同人的演繹之下會有不同的呈現；很多時候，差別往往只在於一點點細節的調整。

譬如做西點，麵粉、牛油、砂糖、蛋種種的材料混合已可以做出款式各異、甚至連地區文化不盡相同的成品。中點材料更簡單，麵粉和水的比例調整已經可以做出上千百來樣的變化，如冷水麵糰、燙麵糰、發酵麵糰、糕漿類、酥點類等等。中式糕點能一直研發並在民間被沿用到今時今日，一直以來都是藉由師傅之間口耳相傳、或手把手的製作示範，一代一代的傳承下去。

我認為，中式點心是由製作者的手藝而賦予生命，並不局限於形式。因此，我們只需要知道箇中的道理，加上練習和實踐，循序漸進便能成為中式糕點的高手，讓這門手藝能繼續承傳下去。

雖然寫這本書之時候正值疫情最不明朗的時期，但我仍然冀望這書的食譜，能帶領讀者製作出和家人、愛人、朋友一同品味的中式糕點！

2022 年，正值小兒大學畢業，在這裏祝願他找到自己喜愛的工作，繼續健康快樂地生活！

獨角仙

目錄

第一章 包點

第二章　餃點

第三章　茶粿

第四章　酥點

第五章　糕點

第六章　餅點

第七章　糖水及甜點

中式餅點常用的原材料

麵粉

麵粉根據蛋白質含量可分為重筋、高筋、中筋、低筋四大類。

重筋粉含蛋白質量 15% 以上，麵粉吸水量高，口感有彈性，適合製作麵條。

高筋粉蛋白質含量約在 11.5-14.5%，口感有彈性，適合製作生煎包、葱油餅、水餃、雲吞皮等點心。

中筋粉蛋白質含量為 9-10%，吸水量適中，可塑性高，韌性好，

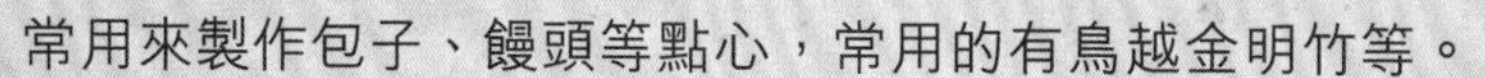

常用來製作包子、饅頭等點心，常用的有鳥越金明竹等。

低筋麵粉蛋白質含量約 7.5-8.5%，口感幼滑，做出來的成品潔白細緻，可製作廣式包點、刀切饅頭、蛋糕等等點心，常用的有美國玫瑰牌、水仙花牌等。

糯米粉

糯米粉用圓糯米加工製成，黏度高，以柔軟、韌滑、香糯而著稱，它可以製作湯糰、年糕等。

粘米粉

粘米粉是用大米磨成的粉，又叫在來米粉，是多種食品的原料，是各種大米中糯性最低的品種，多用來製作蒸製的糕點，質地較鬆散，例如蘿蔔糕、芋頭糕等。

澱粉

澱粉是製作餅點的另一重要原材料，有多種來源，隨着植物不同，可區分為豆穀類、薯類、蔬菜類三大類。常用的有小麥澱粉（澄麵）、玉米澱粉（粟粉）、甘薯澱粉（地瓜粉）、樹薯澱粉（木薯粉）、馬鈴薯澱粉（生粉）、馬蹄粉等。

小麥澱粉也叫汀粉、澄麵，是用小麥洗水拿去麵筋，經沉澱後得出的澱粉，口感爽口，沒有筋性，因為無筋麵粉黏度不高、透明度強，蒸熟後看起來晶瑩剔透，因此主要用來製作中式糕餅或點心的粉皮，如廣式點心中的蝦餃、粉果的粉皮。

粟粉、生粉、木薯粉、馬蹄粉多用於製作餡料，凝固或打芡，亦可以配合其他粉料，作為改善麵糰性質的材料。

油脂

用來調製麵糰，改善麵糰性質，使成品柔軟可口，可調製餡料，又是煎炸最主要的傳熱原料，常用的有固體豬油、牛油、植物油。

糖

糖在中式餅點中的主要功用是增加甜味，調節口味，改善色澤，保持成品具柔軟度和延長保存期。普遍使用的有白砂糖、糖粉、糖漿、紅糖、黑糖、冰糖等。

蛋

蛋的用途甚多，作為餡料或油炸麵糊的黏結和增加香氣，也可增加成品的色澤和滑韌性，增加營養價值。常用的有雞蛋、鹹蛋和皮蛋等。

酵母

酵母是一種活性膨大劑，發酵力強，使產品膨大鬆軟。

發粉

又稱泡打粉，是一種膨大劑，使產品膨大鬆軟。

水

主要調節點心、麵糰或麵糊的軟硬度。

食鹽

主要功用是提供鹹味，調節產品的味道，降低麵糊焦化度。

中式餅點的麵糰分類

調製麵糰是將糧食粉類如麵粉、米粉或其他雜糧粉加入適當的水、油脂、蛋等材料後，加以搓揉、調製，使其互相黏連形成一整體，經和麵和揉麵兩個過程，按不同烹調方法，例如蒸、煮、烙、煎、炸、烤等，做出粥、麵、糕、餅、糰、粉、條、塊、卷、包、餃、羹、凍等不同形態的餅點。能做好這些，對掌握調製麵糰的技術極為重要。

本書使用的麵糰有以下幾個類別：

水調麵糰

是指用水和麵粉調成的麵糰，不經過發酵，用水和麵粉直接搓揉成的麵糰。分為冷水麵糰、熱水麵糰和溫水麵糰，用於製作各式麵點，用途最廣。

成品如蒸餃、水餃、爆汁煎餃、蟹粉小籠包等。

油酥麵糰

是指以油脂和麵粉為主要原料來調製麵糰，有時再添加蛋、砂糖、化學膨脹劑，大致可分為層酥、單酥、炸酥三類。層酥成品能看出層次，有明酥和暗酥之分，特點是有層次，入口鬆酥，色澤美觀，口感酥香。

成品如黑金酥、椒鹽松子芝麻酥等。

膨鬆麵糰

是在調製過程中加入酵母或化學膨脹劑等，使麵糰起反應，變得膨脹疏鬆，特點是口感鬆軟，形態飽滿，營養豐富，易被人體消化吸收。

成品如香菇菜肉包、刈包、奶皇包等。

米粉麵糰

是指用米粉類為主材料，經加入水、調味和油拌成的粉漿，然後採用蒸製後成形或成形後蒸製的方法做成。

成品如茶粿、臘味眉豆糕、薑汁糕等。

漿皮麵糰

是指用糖漿、油脂和麵粉調製出來的麵糰，麵糰沒有彈性，但可塑性高。

成品如月餅。

糕皮麵糰

是指用糖、油脂、麵粉、蛋和膨脹劑調製出來的麵糰，可以製作鬆酥類產品。

成品如松葉蟹鉗酥。

包點、饅頭壓麵步驟

做包點、饅頭的過程中，大家會遇到許多問題，例如：塌陷；蒸出來的成品表面不夠光滑；水和麵粉的比例不對；大小不一；沒有彈性；口感不佳等等。

首先由選擇麵粉開始談起，廣東人一般會使用低筋麵粉，取其幼滑的口感，做出來的成品潔白細緻。北方人喜歡較有嚼勁的饅頭，他們會使用中筋麵粉甚至加入酵頭，令饅頭更有風味。

其次是麵粉和水的比例，一般的麵糰比較乾身，本書食譜介紹的水分較適中，比較容易搓揉控制，可以用其他液體代替水，只要按比例加減便成，做法如下：

搓揉麵糰

1. 乾材料量好後，先放一半水搓揉麵糰，使之成為雪花狀（圖01-03）。
2. 慢慢加入其餘液體，搓成硬身麵糰，鬆弛 5-10 分鐘。如沒有壓麵機，要將麵糰搓滑一點，擀平，盡量去掉氣泡，重複，摺疊 3-4 次。如有壓麵機，可減少麵糰搓揉或攪拌的時間，只要粗糙麵糰便可，因還要將麵糰過 3-4 次壓麵機，使麵糰整齊平滑。

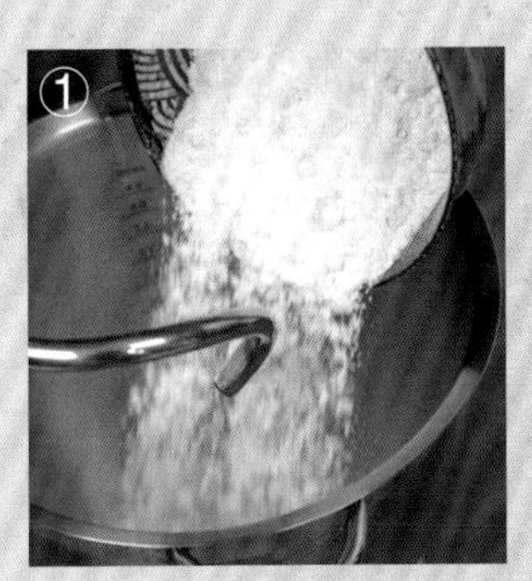
①

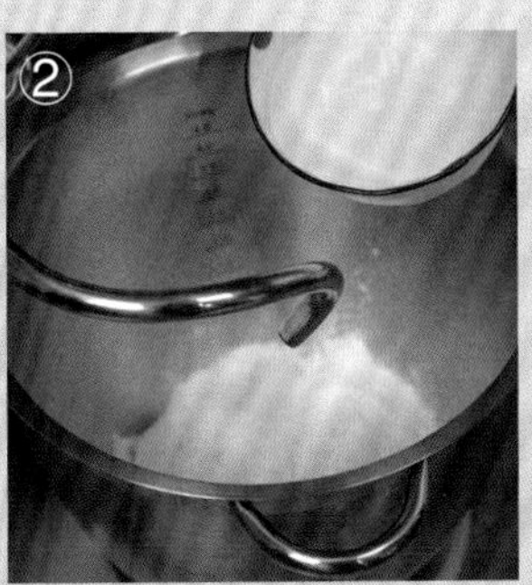
②

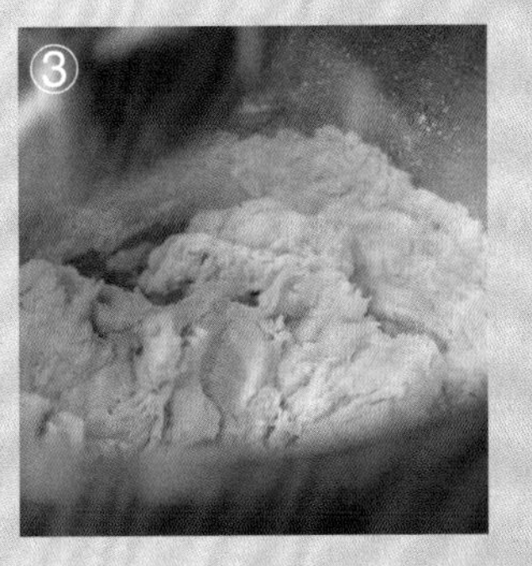
③

壓麵糰

麵糰不能一次放進壓麵機去壓，因為壓麵機入口最厚只有大約 0.5-0.6cm，我們要將麵糰分開大約 200-300 克一份，然後用麵棍擀薄約 1cm 厚才能進行壓麵（圖 01-02），如擀麵不夠薄，麵皮會被壓爛，要重新摺疊再壓回光滑。為了讓麵糰整齊，在擀麵時把麵糰摺疊好成長方形（圖 03-04），利於壓麵。重複壓麵 3-4 次令麵糰整齊平滑和有彈性便可（圖 05-08）。壓包類時，用最厚度數就可以了。

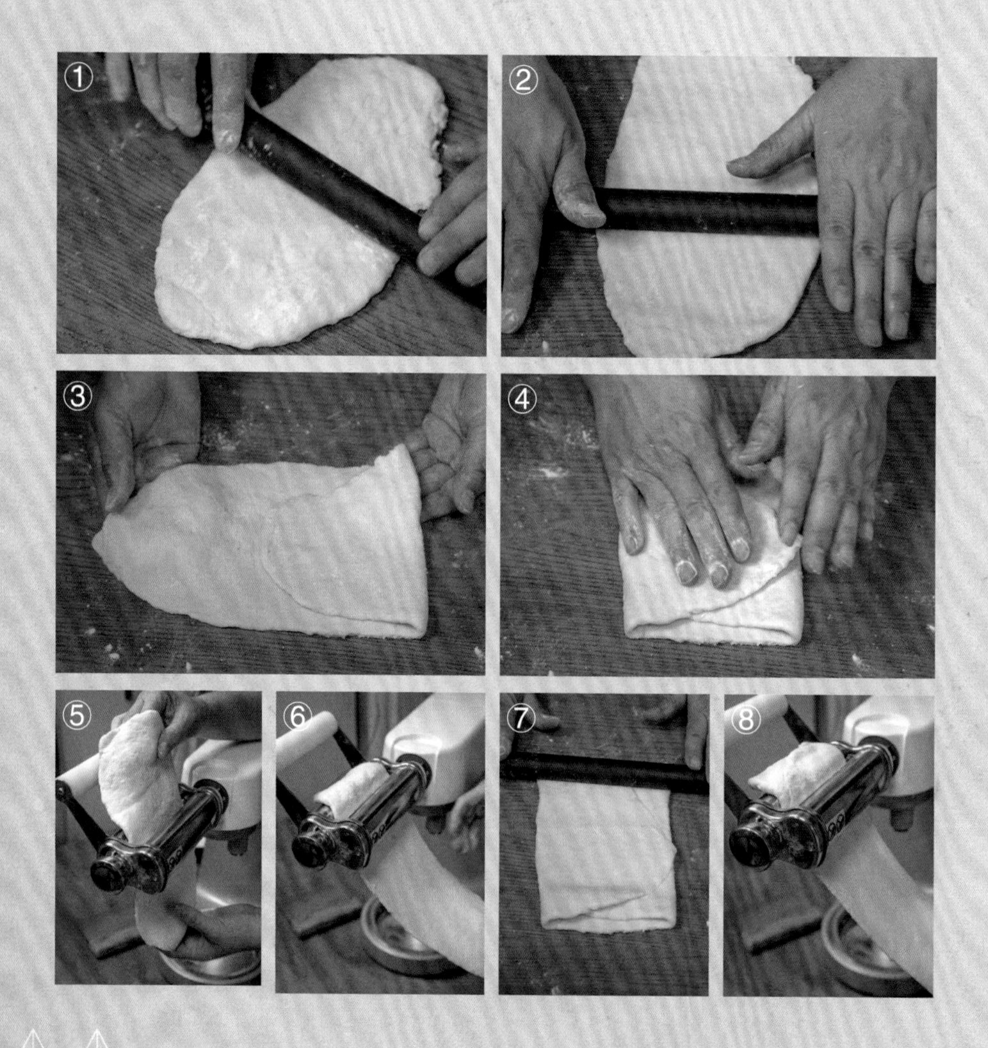

捲起、切割麵糰

1. 壓好麵糰後開始捲起，捲時噴少許水在面有助貼緊麵糰，捲緊成圓筒狀後，要考慮想做的造型大小來搓長麵糰。
2. 切割時刀要鋒利，分成等份，不能切得太窄，否則很容易翻側。

發酵麵糰

蒸包點、饅頭，最好使用透氣、沒倒汗水的竹蒸籠，塑形後放包點、饅頭在蒸籠發酵約 25 至 30 分鐘，每個之間要有適當距離，讓包點、饅頭有位置發酵，不會黏在一起。天熱時發酵，只要蓋上蓋子在室溫發酵；天氣冷時，使用約 30-40℃溫水搓麵，發酵時將蒸籠放在蒸鍋上，鍋內盛些熱水，以提高蒸籠裏的溫度。

蒸

蒸饅頭要用中火，火太小，饅頭蒸出來會不熟或蒸不透，吃來黏牙不爽口，鬆散沒彈性；火太大，又會爆裂或皺皮。蒸至中途要打開蓋子疏氣一、兩次，或不蓋緊鍋蓋，留一點點縫隙讓其疏氣。如用金屬蒸籠最好在蓋子包上毛巾吸收倒汗水，以免滴下弄花饅頭表面。蒸好饅頭不要立刻打開鍋蓋，待兩分鐘左右才打開，讓其溫差不至於太大而令饅頭收縮。

另外，製作餃子皮的步驟與包點壓麵原理一樣，只是壓餃子皮要將厚度由厚調至薄，不能一下子用最薄的度數去壓，否則會壓爛麵糰，要重新摺疊再壓至光滑。

以下介紹多款色彩繽紛的饅頭，一份麵糰可做成 6 個（每個約 90 克）饅頭，蒸約 14 分鐘即可，製作合自己心意的饅頭吧！

椰汁牛奶饅頭（白色）... 材料

低筋麵粉…300 克（喜歡口感煙韌的話，可換高筋麵粉 30 克）
砂糖…35-40 克
發粉…4 克
鮮酵母…10 克
椰奶…40 克（可用水或奶代替）
奶…130 克

黃地瓜饅頭（黃色）... 材料

低筋麵粉…220 克
高筋麵粉…30 克
黃地瓜粉…50 克
砂糖…35-40 克
發粉…4 克
奶…175 克
鮮酵母…10 克

紫地瓜饅頭（紫色）... 材料

（使用黃地瓜饅頭材料）
* 以紫地瓜粉代替黃地瓜粉…50 克

菠菜饅頭（綠色）... 材料

低筋麵粉…300 克
砂糖…35-40 克
鮮酵母…10 克
冷凍菠菜蓉…100 克（解凍，和奶打成菜蓉）
發粉…4 克
奶…80 克

芝麻饅頭（花灰色）... 材料

（使用椰汁牛奶饅頭材料）
* 以黑芝麻粉或黑芝麻醬代替椰奶…30 克
* 奶…170 克

紅菜頭饅頭（紅色）... 材料

（使用菠菜饅頭材料）
* 以紅菜頭蓉代替菠菜蓉…70 克
* 奶…100 克

紅蘿蔔饅頭（橙色）... 材料

（使用菠菜饅頭材料）
* 以紅蘿蔔蓉代替菠菜蓉…80 克
* 奶…90 克

小提示

- 麵皮鬆弛時間不宜過長，組織才會細緻。
- 麵皮壓至適當厚度後，用手捲成圓柱體要搓緊，動作要快，發酵才會均勻。
- 塑形後，要注意發酵時間，時間不足或過度都會對品質有所影響。
- 蒸製時，要視乎爐具火力而調節時間。
- 可使用中筋麵粉全數代替低筋麵粉和高筋麵粉，我常用的有鳥越金明竹中筋麵粉。

包點、餃子餡料的處理及做法

無論製作包點或餃子，可按自己的喜好及季節而靈活運用以下介紹的餡料，令包點及餃子變化出多種多樣的口味。

餡料可按口味分為鹹、甜兩種；按原料分類可分為葷、素兩種；而按製法可分生餡、熟餡兩大類。

不同的餡料有以下需要注意之處：

1. 乾餡料

- 先泡軟或蒸軟才可使用；
- 若帶有不良的氣味、腥味、苦味或澀味，要先除去。

2. 蔬菜類

- 水分多的菜類如娃娃菜、蘿蔔等要先用鹽醃漬，去掉多餘水分；
- 較硬的蔬菜如椰菜，也要先用鹽醃漬讓它較軟，再擠乾水分才用；
- 綠葉蔬菜用滾水略氽燙後，擠乾水分才使用。

3. 香菜類

- 如韭菜、芫茜、芹菜可直接切細加入肉餡；
- 用調味料醃過後的香菜容易分泌水分，建議包餡料時才和肉餡調勻。

小提示

- 餡料的黏性會影響成品的成形和品質，生拌素餡料時，要減少原料的水分來增加黏性；生肉餡料要加水或上湯，使餡料帶有黏性；熟餡料的黏性差，可用打芡方法增加黏性，亦可以油脂、蛋或醬料增加黏性，拌合時要快速及均勻，防止餡料出水。
- 注意其他配料的大小、口味的濃淡、乾濕度來配合麵糰。

鮮蝦冬菇豬肉餡　＊分量：約 40 隻

材料

鮮蝦肉…240 克

梅頭肉（少少肥）…320 克

浸透冬菇粒…200 克

調味料

砂糖…14 克

海鹽…7 克

雞粉…5 克

生抽…5 克

麻油…5 克

胡椒粉…少許

生粉…12 克

做法

1. 將蝦肉挑腸，切大粒；梅頭肉切幼粒。
2. 蝦肉及梅頭肉加鹽搓至起膠，加入冬菇粒拌勻，下調味料攪拌均勻，即成餡料。

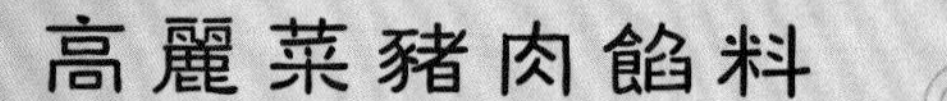

高麗菜豬肉餡料

＊分量：約 40 隻

材料

梅頭豬肉碎…400 克

高麗菜（椰菜）…350 克（脱水計）

櫻花蝦…30 克

薑米…少許

上湯…90-120 克

調味料

海鹽…6 克

砂糖…12 克

蠔油…10 克

麻油…少許

胡椒粉…少許

生粉…12 克

做法

1. 櫻花蝦用白鑊炒香。
2. 高麗菜切細粒，用鹽醃約 20 分鐘，沖水後，瀝乾水分備用。
3. 豬肉碎灑入海鹽，放入大碗內用手撻或用攪拌機打至起膠，邊打邊加入上湯或水（要視乎豬肉的乾濕程度而決定加水量）。
4. 加入高麗菜、櫻花蝦、薑米及其餘調味料，拌勻成餡料即可。

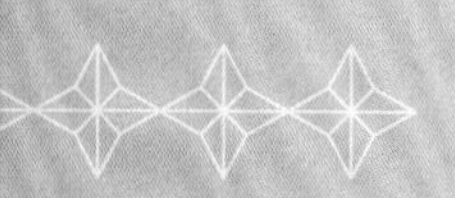

羊肉餡　＊分量：約 40 隻

材料

免治羊肉…350 克

京葱白…300 克

薑…少許

海鹽…6 克

上湯…40-50 克

調味料

砂糖…8 克

紹酒…8 克

麻油…8 克

四川擔擔麵醬…30 克

孜然粉…6 克

生粉…10 克

做法

1. 京葱白、薑切粒。
2. 免治羊肉和海鹽混合，用手撻或攪拌機攪起至膠，一邊攪拌一邊加入上湯。
3. 加入其餘調味料拌勻，將京葱粒、薑和生粉加入餡料中拌勻成為肉餡（圖 01-03）。

豬肉餡

＊分量：約 40 隻

材料

梅頭肉碎（少少肥）…400 克

西洋菜…300 克

上湯…120-150 克

薑米…20 克

調味料

海鹽…7 克

砂糖…10 克

生抽…10 克

紹興酒…12 克

雞粉…2 克

麻油…8 克

胡椒粉…少許

生粉…15 克

做法

1. 西洋菜洗淨、汆水，過冷河，切細粒後擠乾水分，備用。
2. 碎豬肉放入海鹽，放大碗用手撻或用攪拌機打至起膠，邊打邊加上湯或水，要視乎豬肉乾濕度決定水量，加入西洋菜、薑米和其餘調味料拌勻成餡料。

雞肉餡 ＊分量：約 40 隻

材料

雞髀肉…400 克

粟米…200 克

浸發冬菇…150 克（切粒）

上湯…120-150 克

薑米…15 克

調味料

海鹽…6 克

砂糖…8 克

生抽…10 克

紹興酒…12 克

雞粉…1 克

麻油…8 克

胡椒粉…少許

生粉…12 克

做法

1. 雞髀肉切成幼粒，加入海鹽，放大碗用手撻或用攪拌機打至起膠，邊打邊加上湯，要視乎雞肉乾濕度決定水量。
2. 加入粟米粒、冬菇粒、薑米和其餘調味料拌勻成餡料。

素菜餡

＊分量：約 40 隻

材料

韭菜…400 克

蝦皮…5 克

蛋…2 個

粉絲…120 克

豆卜…50 克

薑米…10 克

調味料

海鹽…7 克

砂糖…10 克

素菇粉…2 克

麻油…8 克

胡椒粉…少許

做法

1. 韭菜切小段；粉絲浸軟；豆卜切細。
2. 蝦皮用白鑊炒香；雞蛋煎成蛋皮，切細。
3. 所有材料拌勻，加入調味拌勻成餡料。

小棠菜素菜餡 ＊分量：約 40 隻

材料

小棠菜…380 克

冬筍…100 克

浸發冬菇…100 克

滷水豆腐乾…20 克

五香豆腐乾…145 克

薑米…20 克

調味料

海鹽…7 克

砂糖…8 克

素蠔油…30 克

麻油…10 克

胡椒粉…適量

做法

1. 冬菇切幼粒；小棠菜出水，過冷河，切幼粒，擠乾水分。
2. 豆腐乾、冬筍出水，切幼粒。
3. 所有材料拌勻，下調味料拌勻成餡料。

椰菜素菜餡

＊分量：約 40 隻

材料

椰菜…400 克

紅蘿蔔…110 克

浸發冬菇…120 克

豆卜…85 克

濕粉絲…145 克

浸發黑木耳…80 克

榨菜…20 克

唐芹…80 克

薑蓉…20 克

乾葱頭…適量

蒜蓉…適量

生粉…少許

水…少許

油…適量（起鑊）

調味料

海鹽…8 克

砂糖…13 克

冬菇粉…6 克

生油…15 克

麻油…20 克

胡椒粉…適量

做法

1. 椰菜、紅蘿蔔切絲。
2. 冬菇切幼粒；豆卜、唐芹、榨菜切幼粒；黑木耳切幼絲。
3. 用乾葱頭、蒜蓉、薑蓉、生油起鑊，爆香椰菜、紅蘿蔔，再爆豆卜、唐芹、榨菜、冬菇、濕粉絲，下調味料煮至蔬菜半軟身。
4. 用生粉水打芡，放涼備用，每塊皮包約 40 克餡料。

合掌瓜素菜餡　＊分量：約 40 隻

材料

合掌瓜…200 克

紅蘿蔔…120 克

浸發冬菇…80 克

沙葛…200 克

鮮黑木耳…80 克

黃耳…60 克

唐芹…60 克

豆腐乾…100 克

素上湯…適量

乾葱頭…適量

薑米…適量

油…適量

調味料

海鹽…3 克

素蠔油…50 克

麻油…適量

胡椒粉…適量

生粉…適量

做法

1. 黃耳、冬菇浸軟，切幼粒；紅蘿蔔、合掌瓜、沙葛、唐芹去皮，切幼粒。
2. 鮮黑木耳切幼粒；豆腐乾切幼粒。
3. 材料用素上湯出水，隔去水分。
4. 用乾葱頭、薑米、生油起鑊，爆香菜粒，下調味料及素上湯少許煮至蔬菜半軟身（附圖）。
5. 用生粉水打芡，放涼備用。

第一章 包點

包點屬於發酵類麵點，可依口味和製作方式分為包餡與不包餡，包餡的有香菇菜肉包、奶皇包、素菜包、老麵臘腸卷等；不包餡的有饅頭、刈包等。發酵麵點的發酵技術經歷酒酵法、酸漿法、酵麵法、對鹼法和酵汁法等發展階段至今仍然被採用；現在的發酵技術也更臻完善，其中包子和饅頭更是發酵麵點文化的代表。以往包子和饅頭沒法分得清楚，後來以包餡稱為包子，無餡的則稱為饅頭。

發酵麵點是以麵粉為主材料，加入不同水量、酵母或麵種即可製作，再加入其他材料便可製作千變萬化的包點。

包點製作首先由麵胚開始，麵胚的原材料一般有麵粉、水、酵母、砂糖、油脂、鹽等組合而成。要做好包點，首先由選擇麵粉開始，麵粉種類繁多，如何選擇恰當的麵粉製作成優質產品是關鍵所在。

其次是水的比例，可以用其他液體代替水，只要按比例加減便成。

依風味來說，廣東包點較鬆軟，口味亦較甜，會加入老麵種製作，一般會使用低筋麵粉，取其幼滑的口感，做出來的成品潔白細緻。北方人喜歡較有嚼勁的饅頭，他們會使用中筋麵粉，甚至加入酵頭，令饅頭更有風味，例如本書的幾款老麵包點。

無

老麵黑糖紫米饅頭

黑糖、桂圓和紫米（黑糯米）都是養生食材，用來做饅頭對身體很有益處。

老麵材料

中筋麵粉…100 克
鮮酵母…2 克
砂糖…5 克
水…50 克

麵糰材料

老麵…全部分量
中筋麵粉…220 克
黑糯米粉…80 克
黑糖…30 克
水…150 克
鮮酵母…6 克

桂圓肉…40 克

①

②

③

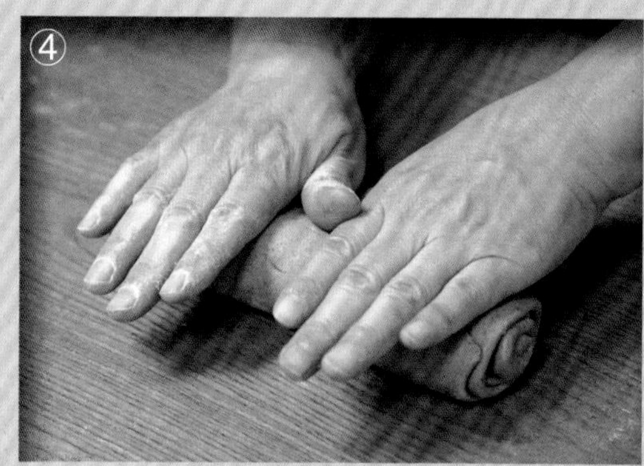
④

⑤

做法

1. 將老麵材料搓好，用膠袋包好放於雪櫃發酵一晚（約 8-12 小時）。
2. 桂圓肉分開。
3. 將麵糰、老麵材料搓成軟滑麵糰，分成 2 等份，用壓麵機壓滑（參考 p.18 包點壓麵步驟圖 01-08），擀成長方形，放上桂圓肉，噴水（圖 01-02）；捲起及搓成長形（圖 03-04），分切成等份（圖 05），放於蒸籠發酵約 30-35 分鐘。
4. 水滾後，蒸約 12 分鐘即成。

老麵蟲草花杞子紅棗饅頭

這是一款很特別的饅頭，採用了養生食材來製作，無論顏色和味道同樣吸引人，你又怎可不試呢！

老麵材料

中筋麵粉…100 克
鮮酵母…2 克
砂糖…5 克
水…50 克

麵糰材料

老麵…全部分量
中筋麵粉…300 克
鮮蟲草花…40 克
即食杞子…18 克
砂糖…30 克
水…100 克
鮮酵母…6 克

紅棗…45 克

①
blendtec
COMMERCIAL
1 2 3 4 5

②

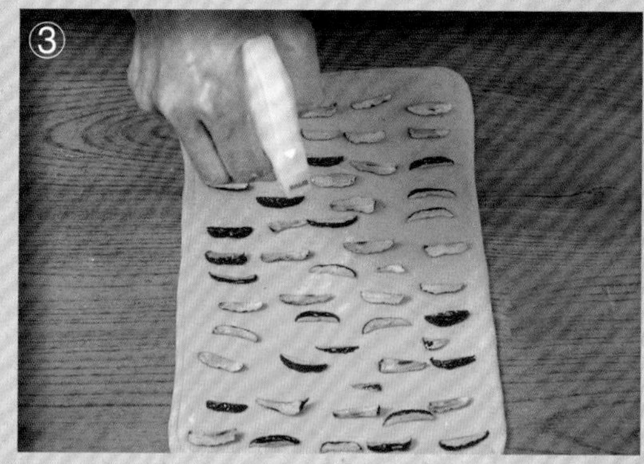
③

④

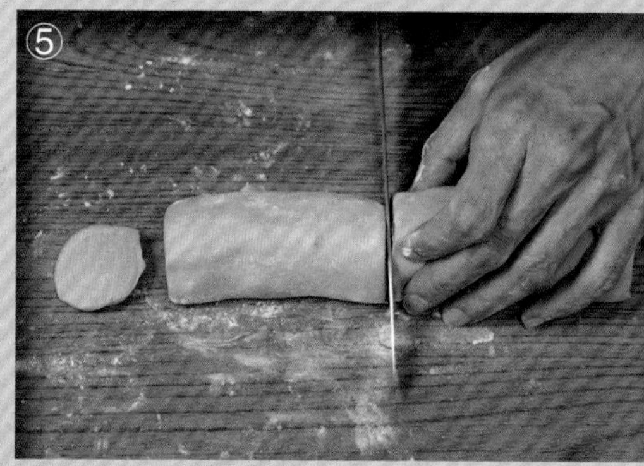
⑤

做法

1. 將老麵材料搓好，用膠袋包好放於雪櫃發酵一晚（約 8-12 小時）。
2. 鮮蟲草花洗淨，加入杞子、水，用攪拌機攪成蓉，過篩（約 145 克）（圖 01-02）。
3. 紅棗去核，剪成條狀，備用。
4. 麵糰、老麵材料搓至軟滑麵糰，分成 2 等份，用壓麵機壓滑成長方形（參考 p.18 包點壓麵步驟圖 01-08），噴水，放上紅棗（圖 03）；捲起（圖 04），搓長，分切成等份（圖 05），放於蒸籠發酵約 30-35 分鐘。
5. 水滾後，蒸約 12 分鐘即成。

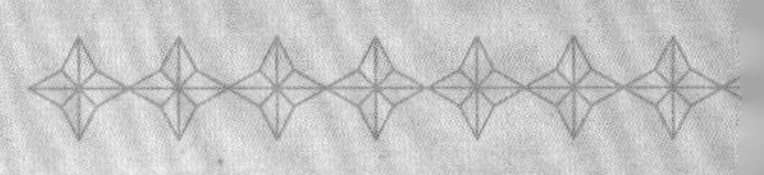

老麵臘腸卷

小時候跟外公上茶樓飲茶，冬天時他喜歡叫臘腸卷給我們吃。在冬日的早上，一口咬下皮脆爆油的臘腸，油分滲進包肉內，甘香雋永，那份滿足感，要嘗過才能領略得到。

造型示範

老麵材料

中筋麵粉…100 克

鮮酵母…2 克

砂糖…5 克

水…50 克

麵糰材料

老麵…全部分量

中筋麵粉…270 克

低筋麵粉…30 克

砂糖…30 克

奶…75 克

水…75 克

鮮酵母…6 克

臘腸…12 段

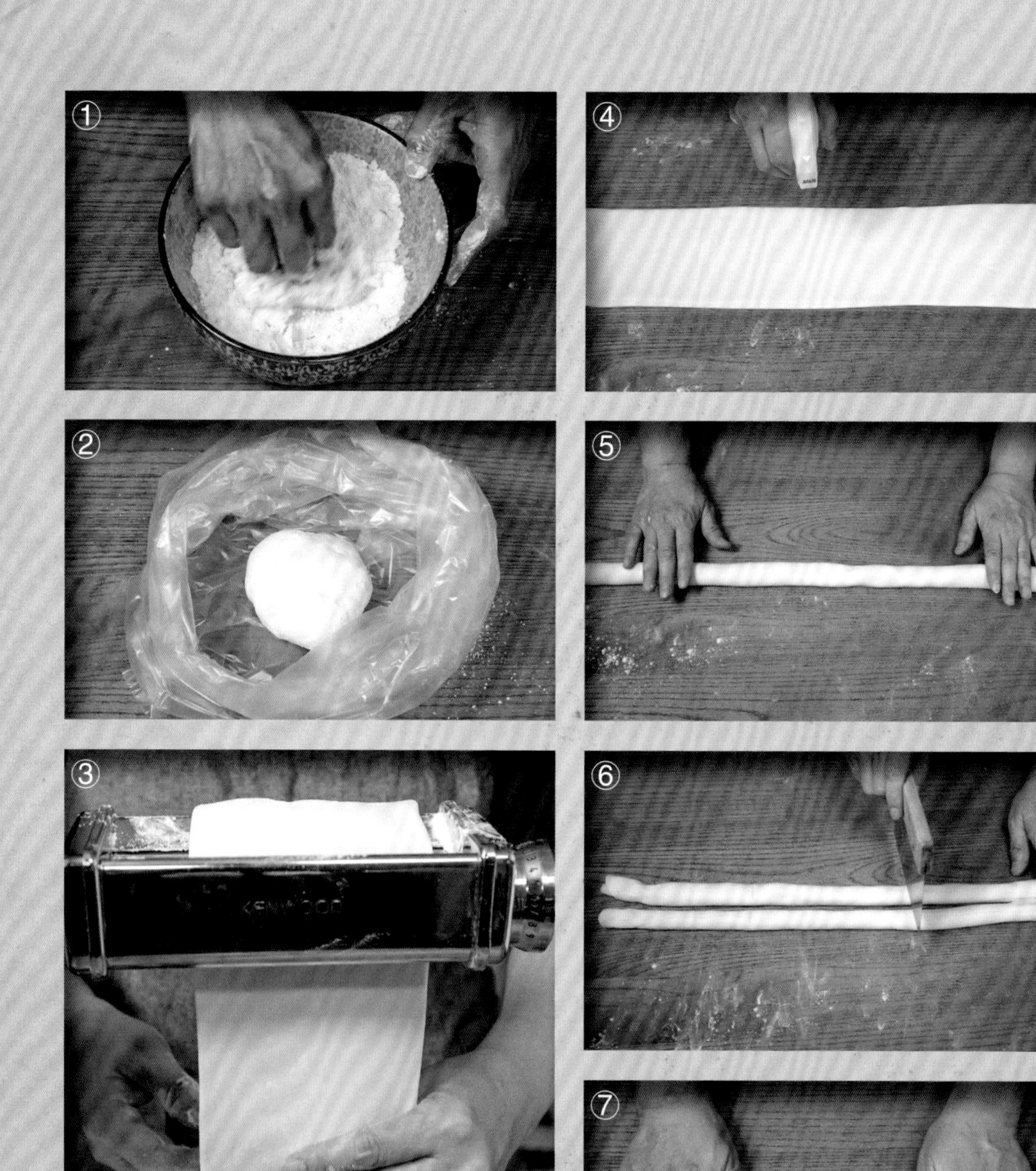
①
②
③
④
⑤
⑥
⑦

做法

1. 將老麵材料搓好，用膠袋包好放入雪櫃發酵一晚（約 8-12 小時）（圖 01-02）。
2. 臘腸洗淨、蒸軟。
3. 麵糰、老麵材料搓至軟身，分成 2 等份，用壓麵機壓滑（圖 03），擀成長方形。
4. 噴水（圖 04），在長邊捲起，搓長，分切成等份（圖 05-07），每條搓長成 40cm，為臘腸之 3-4 倍長（圖 08），捲入臘腸（圖 09-11），注意收口要揑緊在下方，放入蒸籠發酵約 25-30 分鐘。
5. 水滾後，蒸約 12 分鐘即成。

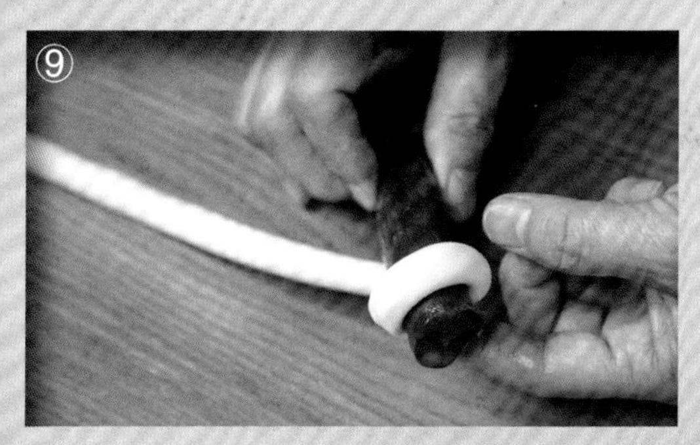

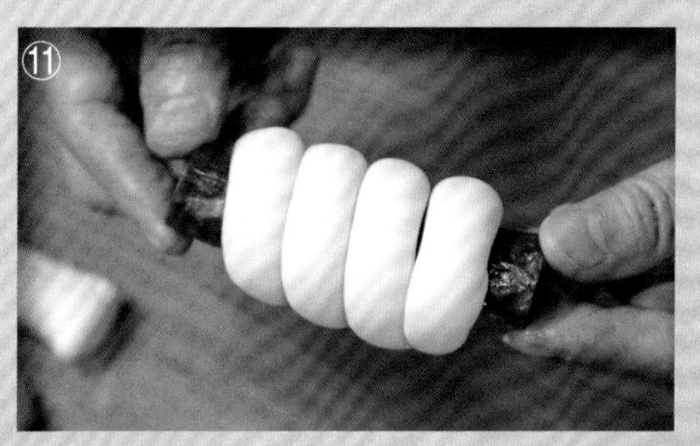

老麵饅頭（右）；奶皇包（左）

老麵饅頭

饅頭可以用直接法，也可以用老麵製造。北方人喜歡有嚼勁、有酵味，不甜的饅頭，這款饅頭不用壓麵也能做出光滑的表面，重點在於反覆搓揉，最後將麵胚搓高，當發酵時會慢慢變圓，成為又圓又滑的白饅頭。用常溫水開始蒸，要計算好由發酵和水滚的時間，就會做出好饅頭來。

造型示範

老麵材料

中筋麵粉…100 克
鮮酵母…2 克
砂糖…5 克
水…50 克

麵糰材料

老麵…全部分量
中筋麵粉…300 克
砂糖…30 克
水…135 克
鮮酵母…6 克

①
②
③
④
⑤
⑥
⑦
⑧

做法

1. 將老麵材料搓好，用膠袋包好放入雪櫃發酵一晚（約 8-12 小時）（圖 01-02）。
2. 麵糰、老麵材料搓至柔滑，立即分割成 80-85 克等份（圖 03），用手搓成高椿形（圖 04-08），放於蒸籠發酵約 30 分鐘。
3. 用常溫水開始蒸，水滾後蒸約 8-9 分鐘即成（圖 09）。

小提示

蒸後的饅頭不光滑，可能是以下的原因：

1. 發酵過度；
2. 被水蒸氣燙傷；
3. 搓揉不足令造形鬆弛；
4. 未發酵完成。

奶皇包

爸、媽生日，我通常會做中式包點為他們慶生，會在其中兩個包內放入銀幣，吃到的會額外有大利是，奶皇包是家人們最喜歡的包點。

＊可製作 25 份，每份 30 克

麵糰材料

中筋麵粉…450 克
低筋麵粉…50 克
砂糖…45 克
發粉…7 克
鮮酵母…18 克
水…260 克
豬油…25 克

奶皇餡材料

吉士粉…30 克
奶粉…50 克
低筋麵粉…25 克
椰漿…120 克
煉奶…60 克
蛋…80 克
砂糖…130 克
無鹽牛油…100 克
淡忌廉…20 克
鹹蛋黃…150 克

①
②
③
④
⑤
⑥
⑦

奶皇餡做法

1. 無鹽牛油隔水坐溶；鹹蛋黃蒸熟，壓蓉、過篩。
2. 除了鹹蛋黃、已溶牛油，將所有材料混合攪拌均勻。
3. 加入已溶牛油及鹹蛋黃，放於已塗油的深盤內，蓋上微波爐保鮮紙，放入蒸鍋蒸約 20-30 分鐘至凝固，放至稍涼，以攪拌機攪拌幼滑成奶皇餡，分成 30 克等份，冷凍備用。

綜合做法

1. 將麵糰的乾材料量好後，先放入半份水搓揉麵糰，使之成為雪花狀（參考 p.17 包點壓麵步驟 01-03）。
2. 慢慢加入餘下的液體搓成硬身麵糰，鬆弛 5-10 分鐘。
3. 如沒有壓麵機，要將麵糰搓滑一點，擀平，盡量去掉氣泡，重複，摺疊 3-4 次。如有壓麵機，可減少麵糰搓揉或攪拌的時間，只要粗糙麵糰即可，因麵糰還要經過 3-4 次壓麵機，使麵糰整齊平滑（參考 p.18 包點壓麵步驟 01-08)。
4. 麵糰壓好後，開始捲起，捲時噴少許水在麵糰上面有助緊貼麵糰，捲緊成圓筒狀，搓長，切成約 50 克等份，搓圓（圖 01），鬆身 5 分鐘，壓平（圖 02），包入 30 克奶皇餡，收口，墊上包底紙（圖 03-05），放入蒸籠發酵約 25-30 分鐘（視乎溫度而定）。
5. 大火蒸約 20 分鐘，用紅色食用顏料印上花紋即可（圖 06-07）。

香菇菜肉包

包點是華人社會必備的早點，在社區的街頭巷尾總有一間包點店舖，售賣各式各樣的包點，大眾化的價錢、充實的材料，吃兩個便可解決一餐，其中的菜肉包特別受老幼歡迎。在家做菜肉包既經濟又可控制材料的質量，是很值得學着做的食譜。

造型示範

麵糰材料

中筋麵粉…450 克
低筋麵粉…50 克
砂糖…45 克
發粉…7 克
鮮酵母…18 克
水…260 克
豬油…25 克

餡料

梅頭豬肉碎…400 克
白菜…250 克
浸發冬菇…150 克
上湯或水…80-100 克

調味料

海鹽…6 克
砂糖…12 克
生抽…6 克
紹興酒…12 克
雞粉…3 克
麻油…10 克
胡椒粉…少許
薑米…20 克
生粉…12 克

①
②
③
④
⑤
⑥
⑦

餡料做法

1. 已浸發冬菇洗淨，切幼粒，擠乾水分，備用。
2. 白菜洗淨，汆水，沖水冷卻後，擠乾水分，切幼粒備用（圖 01）。
3. 豬肉碎放入海鹽，放入大碗內用手撻或用攪拌機打至起膠，邊打邊加入上湯或水（視乎豬肉的乾濕度而加添水量）。
4. 加入白菜、冬菇粒和其餘調味拌成餡料，備用（圖 02）。

綜合做法

1. 將麵糰的乾材料量好後，先放入半份水（豬油除外）搓揉麵糰，使之成為雪花狀。
2. 慢慢加入其餘液體和豬油，搓成硬身麵糰，鬆弛 5-10 分鐘。
3. 如沒有壓麵機，要將麵糰搓滑一點，擀平，盡量去掉氣泡，重複，摺疊 3-4 次。如有壓麵機，可減少麵糰搓揉或攪拌的時間，只要粗糙麵糰即可，因為麵糰還要經過 3-4 次壓麵機，使麵糰整齊平滑（參考 p.18 包點壓麵步驟圖 01-08）。
4. 麵糰壓好後，開始捲起，捲時噴少許水在麵糰上面幫助貼緊麵糰，捲緊成圓筒狀，搓長，切成約 40 克等份。
5. 搓圓，鬆身 5 分鐘，擀成皮，包入 40 克餡料，收口（圖 03-06），墊上包底紙，放於蒸籠發酵約 25-30 分鐘（視乎溫度而定）。
6. 水燒滾後，以大火蒸約 20 分鐘即成（圖 07）。

小提示

素菜包的做法可隨香菇菜肉包的麵糰製法，再包入素菜餡料（餡料做法可參考 p.28-31），可變化出多款合自己心意的包點來。

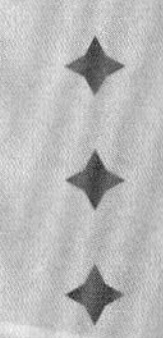

刈包

刈包（刈音割）是很有名的台灣小吃，在夜市或大小食店都見它的蹤影，可選擇瘦肉、肥肉或綜合肉，一定要配大量花生粉和芫茜才夠地道。有人遠在英國開刈包專門店，售賣中西鹹甜多款口味，有中式漢堡包之稱。

造型示範

＊可製成 14 個，每個 60 克

麵糰材料

中筋麵粉…450

低筋麵粉…50 克

砂糖…45 克

發粉…7 克

鮮酵母…18 克（或乾酵母 6 克）

水…250 克

豬油…25 克

①
②
③
④
⑤
⑥
⑦
⑧

做法

1. 乾材料量好後，先放入半份量水，搓揉麵糰使之成為雪花狀（參考 p.17 包點壓麵步驟 01-03）。
2. 慢慢加入其餘液體搓成硬身麵糰，鬆弛 5-10 分鐘。如沒有壓麵機，要將麵糰搓滑一點，擀平成長方形，盡量去掉氣泡，重複及摺疊 3-4 次。如有壓麵機，可減少麵糰搓揉或攪拌的時間，粗糙麵糰即可，因還要將麵糰放入壓麵機 3-4 次，使麵糰整齊平滑和有彈性（參考 p.18 包點壓麵步驟 01-08）。
3. 壓好麵糰，開始捲起，捲時噴少許水在面幫助貼緊麵糰（圖 01），捲緊成圓筒狀，搓長，切成約 60 克等份（圖 02-03），出劑子（圖 04），鬆身 5 分鐘。
4. 將麵糰擀成橢圓形（圖 05），中間塗油（圖 06），上下對摺，用梳壓成花紋，用手捏尖中央（圖 07-09），墊上包底紙（圖 10）。
5. 放入蒸籠發酵約 25 分鐘（時間視乎溫度而定），大火蒸約 12 分鐘。

⑨

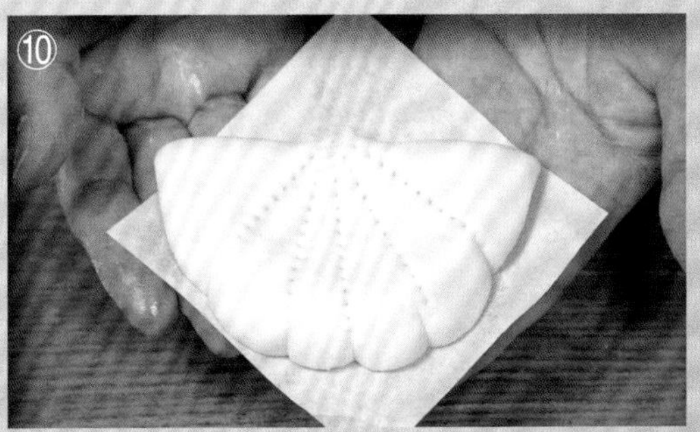
⑩

滷肉材料	滷汁	滷水料
帶皮五花肉…900 克	冰糖…50 克	八角…1 顆
薑…5 片	生抽…40 克	桂皮…1 小片
乾葱頭或青葱…適量	老抽…40 克	辣椒乾…1 隻
	老滷醬…40 克	陳皮…1 小片
	米酒…50 克	花椒…4 克
	水…700 克	

做法

1. 熱油鍋，放入豬肉煎至肉塊表面微焦。
2. 待豬肉煎香後，加入薑及葱，繼續拌炒。
3. 在鍋中倒入生抽、老抽、米酒、老滷醬、水及冰糖，加入滷水料燜煮約 2 小時至肉軟腍（圖 11-12）。

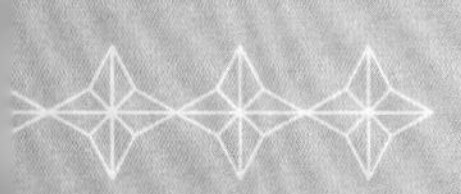

炒酸菜材料

客家酸菜…300 克
砂糖…少許
辣椒…1 隻

做法

1. 酸菜洗淨，切碎，泡浸水至自己喜歡的鹹度，擠乾水分。
2. 起油鍋，放入酸菜炒至水分收乾，加入砂糖和切碎的辣椒炒勻即可（圖 13）。

花生粉材料

花生…150 克
砂糖…1 湯匙
芫茜…適量

做法

花生烘香後磨成粉，和砂糖混合；芫茜洗淨，備用。

綜合做法

在刈包放入一塊滷肉，加入適量酸菜、花生粉和芫茜，即可享用（圖 14）。

小提示

老滷醬在台灣食品專門店有售。

第二章

餃點

「餃子」，原名「嬌耳」，起源於東漢時期，為東漢南陽人醫聖張仲景首創。當時餃子是藥用，張仲景用麵皮包上一些祛寒的藥材（羊肉、胡椒等）用來治病，避免病人耳朵上生凍瘡。

餃子是中國的古老傳統麵食之一，距今已有一千八百多年的歷史，深受中國廣大人民的喜愛，是中國北方大部分地區每年春節必吃的年節食品，在許多省市也有冬至節吃餃子的習慣；每到過年，北方人都是一家圍在一起包餃子，是年夜飯桌上必不可少的。包餃子、吃餃子，已經成為大多數家庭歡度除夕的一個重要活動。俗話說：「大寒小寒，吃餃子過年。」還有句民間諺語：「舒服不如倒着，好吃不如餃子。」足見東北人對餃子的喜愛。

水餃有分肉餡類、素餡類、水產類、野菜類、保健類、海鮮類等等，種類多不勝數，以天津百餃園的水餃共有 229 種為最多。

除了水餃，本章介紹的蒸餃、煎餃、小籠包是水調麵糰的其中範本，利用麵粉和不同溫度的水來變化出不同麵皮，包入不同餡料做成不同的成品。

（參考資料來源：https://kknews.cc/zh-hk/culture/89q449l.html）

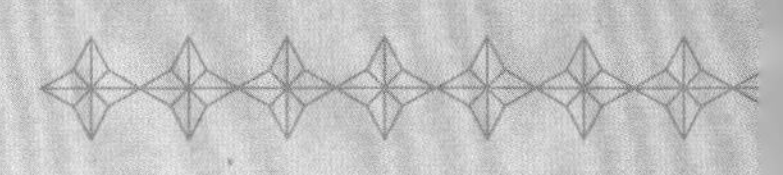

水餃

俗語說：「好吃不過餃子！」自製的水餃皮特別爽滑好吃，多做些放於冰箱冷凍起來，隨時可以拿來水煮或香煎，可以連吃幾斤呢！

造型示範

＊每份水餃皮可做約 60 片

水餃皮材料

中筋麵粉…500 克
冷水…240 克

紅蘿蔔皮材料

中筋麵粉…500 克
紅蘿蔔汁…240 克

菠菜皮材料

中筋麵粉…500 克
菠菜汁…240 克
（未榨汁前約 600 克菠菜）

餡料

材料參考 p.22-31

①
②
③
④
⑤
⑥

做法

1. 水餃皮做法：將麵粉和水（或菜汁）搓成光滑的麵糰，用膠袋包着醒發 30 分鐘，搓滑麵糰，搓成長條狀，分切每粒 10-12 克，擀薄成水餃皮（圖 01-03），或用壓麵機壓成薄片狀，用 8cm 圓形切模，切成每塊 10-12 克的水餃皮（圖 04）。
2. 餡料做法參考 p.22-31。
3. 每塊餃子皮包入約 18 克餡料（圖 05-08）。
4. 水煮滾後，放入餃子，水滾後加半杯凍水，再滾後再加半杯凍水，煮至餃子浮起飽滿，即代表熟透（圖 09）。

⑦

⑧

⑨

蒸餃

麵粉經熱水燙過後會糊化，麵糰變得有彈性，可以壓得很薄，適合做成花紋較多的蒸餃，皮薄餡多、香滑，而且顏色鮮艷，令人賞心悅目。

造型示範

＊每份水餃皮可做約 45 片，每片約 8-9 克

白色蒸餃皮材料

中筋麵粉…300 克
海鹽…3 克
熱水（90℃）…130 克
冷水…30 克

綠色蒸餃皮材料

中筋麵粉…300 克
海鹽…3 克
菠菜汁…30 克
熱水（90℃）…100 克
菠菜汁…30 克

紫色蒸餃皮材料

中筋麵粉…300 克
海鹽…3 克
紫薯粉…15 克
熱水（90℃）…130 克
冷水…30 克

粉紅色蒸餃皮材料

中筋麵粉…300 克
海鹽…3 克
紅肉火龍果汁…20 克
熱水（90℃）…130 克
冷水…10 克

①
②
③
④
⑤
⑥
⑦

白色蒸餃皮做法

將麵粉、海鹽放入大碗，倒入熱水，用攪拌棒混合，用手或攪拌機揉和，加入冷水調和均勻成光滑麵糰，放入膠袋內醒麵最少 30 分鐘（圖 01-05，圖 05：左的是已醒麵的麵糰，較滑；右的是剛搓好麵糰）。

綠色蒸餃皮做法

菠菜汁和熱水煮滾，倒入麵粉內，灑入海鹽，用攪拌棒混合，用手或攪拌機揉和，加入菠菜汁調和均勻成光滑麵糰，放膠袋內醒麵最少 30 分鐘。

紫色蒸餃皮做法

紫薯粉、海鹽和麵粉放入大碗調勻，倒入熱水用攪拌棒混合，用手或攪拌機揉和，加入冷水調和均勻成光滑麵糰，放膠袋內醒麵最少 30 分鐘。

粉紅色蒸餃皮做法

將麵粉、海鹽放入大碗內，倒入熱水，用攪拌棒混合，用手或攪拌機揉和，加入紅肉火龍果汁和冷水調和均勻成光滑麵糰，放膠袋內醒麵最少 30 分鐘。

綜合做法

1. 將麵糰分成數塊，擀薄，放入壓麵機，由最厚壓起，壓至約 10 克（座枱打麵機壓麵配件最厚度數壓 1 次，不用摺疊，轉中厚度數壓 1 次，不用摺疊，轉較薄度壓 1 次）。
2. 先用 9cm 圓花模壓成一塊餃皮，每塊約重 8-9 克，如不夠薄可再過機壓薄。如使用意粉壓麵機亦由最厚度數壓起。
3. 每塊餃皮包入約 25 克餡料（圖 06-07），排放好在已塗油的碟上，蒸約 6 分鐘至熟透。

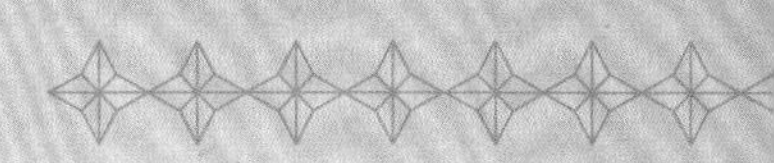

爆汁煎餃

澳門朋友在旅遊學院當廚師，我向他請教了不少點心的做法；這款爆汁煎餃我一吃就愛上，非常感謝他的無私教導。

造型示範

餃子皮材料
中筋麵粉…400 克
熱水（90℃）…120 克
冷水…90 克

豬腳凍材料
豬腳或豬手…半隻
金華火腿…80 克
紹酒…20 克
薑…數片
葱…2 棵
胡椒粉…少許
水…1.5 公升
大菜…10 克
鹽…適量

薑葱水材料
薑…15 克
葱…15 克
水…100 克
＊拌勻攪爛，隔出薑葱水

餡料
碎梅頭豬肉…400 克
海鹽…4 克
砂糖…9 克
生抽…9 克
麻油…6 克
胡椒粉…少許
生粉…6 克
薑葱水…85 克
豬腳凍…300 克

蘸汁料
鎮江醋…5 份
魚露…1 份
砂糖…適量
蒜蓉…適量

①
②
③
④
⑤
⑥
⑦
⑧

餃子皮做法

1. 麵粉放入大碗內，倒入熱水，用攪拌棒混合，用手或攪拌機揉和，加冷水調和成光滑麵糰，放入膠袋內醒麵最少 30 分鐘。
2. 將麵糰分成數塊，擀薄，放入壓麵機，由最厚壓起，壓至 3 度厚，用 8cm 圓花形模印出煎餃皮，每塊約重 12 克。或將麵糰搓成長條，切成粒狀（每粒 12 克），再用擀麵棍擀成圓皮。

豬腳凍做法

1. 豬腳、金華火腿洗淨、汆水，與水、薑、葱、紹酒、胡椒粉煮滾，以慢火煮至豬腳爛透，隔去湯渣（圖 01）。
2. 放入大菜煮溶後以鹽調味，放涼後放入雪櫃冷藏至凝固（圖 02），切成幼粒備用（圖 03-04）。

餡料做法

1. 碎豬肉放入大碗內，加入海鹽，用手撻或用攪拌機打至起膠，邊打邊加入薑葱水（要視乎豬肉乾濕度而加添水分）。
2. 加入其餘調味料、豬腳凍拌勻成餡料，放入冰箱冷藏。

綜合做法

1. 每塊餃子皮包入約 15 克餡料（圖 05-06）。
2. 平底鍋放入油燒熱，煎餃排好，煎至底部有少許金黃，加入水至餃子的 1/3 位置（圖 07），加蓋，煎煮至水分開始收乾，打開鍋蓋繼續煎至底部金黃香脆（圖 08）。
3. 蘸汁料攪拌至糖溶解，配水餃或煎餃食用。

蟹粉小籠包

小籠包是經典的上海點心，最愛一口吃下，享受湯汁滿瀉在口裏的滿足感，傳統的小籠包要用肴皮凍製作，但因為步驟繁複，改用豬腳凍或雞腳凍製作餡料。如果擔心豬腳凍不夠凝固，加些大菜去熬湯就必定成功，若要再方便一點，購買一包火腿上湯，加水及大菜就可以成事了！

造型示範

＊每份餃子皮可做約 60 片，每張約 7-8 克

餃子皮材料
中筋麵粉…400 克
熱水（90℃）…120 克
冷水…90 克

豬腳凍材料
豬腳或豬手…半隻
金華火腿…80 克
紹酒…20 克
薑…數片
葱…2 棵
胡椒粉…少許
水…1.5 公升
大菜…10 克
砂糖…少許

＊每份餡料可做約 45 份，每份約 18 克

餡料
碎梅頭豬肉…400 克
豬腳凍…350 克
海鹽…4 克
砂糖…9 克
生抽…9 克
薑蓉…20 克
葱蓉…20 克
麻油…6 克
胡椒粉…少許
即食蟹粉…100 克
薑蓉…少許

即食蟹粉

①
②
③
④
⑤
⑥
⑦
⑧

餃子皮做法

1. 麵粉放入大碗內，倒入熱水，用攪拌棒混合，用手或攪拌機揉和，加冷水調和成光滑麵糰，放入膠袋內醒麵最少 30 分鐘。
2. 將麵糰分成數塊，擀薄，放入壓麵機，由最厚壓起，壓至 1mm，用 9cm 圓花形模印出煎餃皮，每塊約重 8-10 克。

豬腳凍做法

1. 豬腳、金華火腿洗淨、汆水，與水、薑、葱、紹酒、胡椒粉煮滾，以慢火煮至豬腳爛透，隔去湯渣。
2. 大菜用水浸軟，擠乾水分，放入上湯煮溶後以砂糖調味，放涼後放入雪櫃冷藏至凝固，切成幼粒備用（圖 01-02）。

餡料做法

1. 即食蟹粉用油、薑蓉少許爆香（圖 03），放涼備用。
2. 在大碗內放入碎豬肉及海鹽，用手撻或用攪拌機打至起膠，加入其餘調味料，加入豬腳凍、蟹粉拌勻成餡料（圖 04-05），放冰箱稍為冷凍。

綜合做法

每塊餃子皮包約 20 克餡料（圖 06-08），排好在蒸籠內，蒸約 6 分鐘至熟透，伴薑絲、鎮江醋食用。

第三章

茶粿

有研究認為，粿的文化源於古吳越，在福建閩族盛行，而族人遷移令粿的文化在南方普及，例如揭陽、深圳寶安松崗、沙井。但到了明清時期，福建人向外流，多以台灣、粵東、南洋等作目的地，如台灣的雲林縣、苗栗縣、淡水等地也建立起粿的文化，以往粿是祭祀時才特別製作的食品，但現在已滲入百姓的日常生活中。

在香港，茶粿已經式微，僅在鄉間地方，例如西貢、元朗、下白泥、大澳及離島等有攤販擺賣，但隨着遊人眾多，茶粿開始漸有市場，所以多了人做來賣，更發展了很多新口味。

茶粿有很多種類，台灣、客家、潮州、三鄉、馬來西亞等等各地區各具特色，大致分為鹹、甜兩種口味，軟軟糯糯，煙煙韌韌。

為了這本書，我專程到各地走訪有名的茶粿店舖視學和請教，也品嘗一些以茶粿粉糰為基礎，再作變化的茶粿，令我對茶粿的認識更深一層，例如書內的橙肉番薯九層塔豬肉茶粿便是其中一種。

斑蘭綠豆茶粿

在網上見到這個做紅龜粿的木模，請朋友在馬來西亞帶了回來，發覺模具太淺；於是在淘寶找店鋪訂造，效果超好。

這茶粿的外皮用斑蘭汁做出自然的顏色，餡料是椰汁綠豆餡，清香無比，椰汁控一定按讚！

可以用月餅模具代替木模，亦可選擇不用模具製作。

＊可做約 12 個茶粿

皮材料

糯米粉…300 克
粘米粉…30 克
砂糖…50 克
椰油…20 克
斑蘭葉…250 克
水（或*濃斑蘭汁）…約 220 克
蘋婆葉、蕉葉或櫻葉…適量

綠豆蓉材料

乾綠豆邊（無染色）…200 克
斑蘭葉…3-4 片
砂糖…70 克
椰汁…40 克
水…40 克
椰油…50 克
鹽…2 克

①
②
③
④
⑤
⑥
⑦
⑧
blendtec

做法

1. 蘋婆葉、蕉葉或欅葉用水灼燙一會，剪成所需形狀。
2. 斑蘭葉洗淨、剪碎，用攪拌機加水 50 克打爛，隔去葉渣成汁，約 220 克（圖 01-02）。
3. 糯米粉、粘米粉、砂糖、椰油放在大碗內。
4. 斑蘭汁或水煮熱，趁熱倒入步驟 3 的碗內，用攪拌棒略攪拌，用布蓋着待數分鐘，搓勻成粉糰，如需要可用食用色素調色（圖 03）。

綠豆蓉做法

1. 乾綠豆邊用水浸軟（約 3 小時），放於疏氣的筲箕內，再放上斑蘭葉，鍋裏加入水和斑蘭葉，用大火蒸約 30 分鐘至綠豆邊軟腍（圖 04），取去斑蘭葉，綠豆邊放入攪拌機打成綠豆鬆。
2. 鍋內放入椰油加熱，放入斑蘭葉煮至味道釋出。
3. 綠豆鬆放回鍋子內，加水、椰汁、砂糖、椰油、鹽，用中火煮至綠豆鬆成軟滑糰狀，熄火，放涼後分成 20 克等份。

綜合做法

1. 印模掃上糯米粉（圖 05），麵糰分成每份 30 克，包入綠豆蓉 20 克（圖 06），用印模壓成形（圖 07-08），放在已塗油的葉上，茶粿面掃上生油。
2. 用大火蒸約 12 分鐘，期間每 5 分鐘打開蓋疏氣一次，以免過熱令茶粿發脹及花紋糊掉變樣。

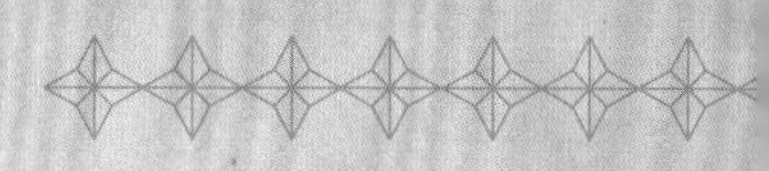

沙葛豬肉茶粿

做茶粿可以用常溫水直接搓粉，也可以打米漿做，或用粿婆做的。所謂粿婆就是取部分搓好的粉糰，用熱水煮熟，再放回粉糰搓成彈牙煙韌的口感麵糰。

＊約可做 12 個茶粿

皮材料

水…300 克
糯米粉…330 克
粘米粉…80 克
豬油…20 克
海鹽…3 克
蘋婆葉、蕉葉或糭葉…適量

調味料

南乳…20 克
蠔油…15 克
砂糖…15 克
海鹽…2 克

餡料

沙葛…400 克
臘腸…100 克
乾蝦米…50 克
豆腐乾…80 克
生油…適量
生粉水…適量
葱…適量

①
④
②
⑤
③
⑥

皮做法

1. 蘋婆葉、蕉葉或糭葉用水灼燙一會，剪成所需形狀。
2. 糯米粉、粘米粉、豬油、海鹽放入碗內混合，加水搓成不黏手麵糰（注意按麵糰的軟硬度來增減水分）。取 1/4 份麵糰放入熱水內，煮至浮起（圖 01-02），放回麵糰繼續搓勻（圖 03）。

餡料做法

1. 沙葛去皮，刨幼條；蝦米浸軟；葱、臘腸、豆腐乾切粒。
2. 用生油起鑊，爆香臘腸粒、蝦米和豆腐乾粒（圖 04），下沙葛及調味料，爆炒至沙葛軟身（圖 05）。
3. 用生粉水打芡，加葱粒混合，放涼備用。

綜合做法

1. 取約 60 克麵糰，捏成窩形，包入 35 克餡料（圖 06），捏緊收口，收口向下，輕壓扁放在已塗油葉上。
2. 以大火蒸約 15 分鐘即成。

小提示

皮料的糯米粉和粘米粉比例可按個人喜好而變更。

橙肉番薯九層塔豬肉茶粿

這款茶粿在台灣迪化街一小販攤檔買來試試，自家種的紅薯和九層塔，香濃蔥味，讓人回味無窮！

＊約可做 15 個茶粿

皮材料

水…95 克
橙肉番薯…450 克
糯米粉…240 克
粘米粉…24 克
豬油…20 克
海鹽…3 克
蘋婆葉、蕉葉或欏葉…適量

餡料

梅頭豬肉（少肥）…300 克
菜脯…40 克
乾蝦米…30 克
九層塔…2 紮
生粉水…適量

調味料

蠔油…8 克
砂糖…6 克
生粉…3 克
生油…適量
油蔥酥…2 湯匙

皮做法

1. 蘋婆葉、蕉葉或欅葉用水灼燙一會，剪成所需形狀。
2. 橙肉番薯蒸熟、去皮，和糯米粉、粘米粉、豬油、海鹽混合搓成不黏手麵糰（圖 01）。

餡料做法

1. 梅頭豬肉切粒，加入調味料醃好；蝦米浸軟；菜脯切粒；九層塔洗淨、摘葉。
2. 用生油起鑊，爆香梅頭豬肉、蝦米、油葱酥、菜脯至豬肉熟透（圖 02），下九層塔略炒，用生粉水打芡，放涼備用（圖 03-04）。

綜合做法

1. 取約 50 克麵糰捏成窩形，包入 30 克餡料，捏緊收口，收口向下，輕壓扁放在已塗油的葉上，包好（圖 05-08）。
2. 以大火蒸約 12 分鐘即成。

小提示

皮料的糯米粉和粘米粉比例可按個人喜好而變更。

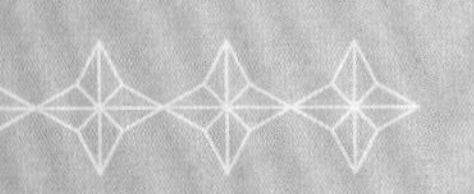

艾草菜仔茶粿（艾草菜包）

自小已很喜歡吃茶粿，客家、潮州、馬來西亞、三水等等地方的鹹甜茶粿也愛吃，自從開班教學後更四處吃遍各地的茶粿，菜仔茶粿是無論哪處鄉都會做的一款茶粿。

菜仔即是乾蘿蔔絲，冬天農家把蘿蔔切絲曬乾保存，用來做成茶粿，是過時過節必有的一款食品。艾草野生在田間，有藥用價值，味道獨特。台北有一家茶粿專門店用自家種的艾草做成茶粿，每一款都超好吃。

＊可做約 14 個

皮材料
已脫水鮮艾草…100 克
熱水…250 克
糯米粉…320 克
粘米粉…55 克
豬油…20 克
海鹽…2 克
蘋婆葉、蕉葉或欔葉…適量

碎豬肉調味料
砂糖…6 克
海鹽…3 克
生抽…4 克
胡椒粉、麻油…各少許
雞粉…2 克
生粉…6 克

餡料
白蘿蔔絲乾（乾脯絲或千切大根）…80 克
碎豬肉…200 克
乾蝦米…20 克
濕冬菇…80 克
乾葱碎…30 克（紅葱拌醬）
魚露…少許
生粉水…適量

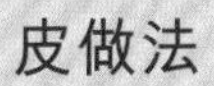

皮做法

1. 蘋婆葉、蕉葉或糭葉用水灼燙一會，剪成所需形狀。
2. 鮮艾草洗淨，放滾水汆水約 5 分鐘，以去除澀味，放於水喉下沖水至涼，切碎備用（圖 01）。
3. 糯米粉、粘米粉與艾草放於碗內混合，拌入豬油及海鹽，倒入熱水搓成不黏手麵糰（注意按麵糰的軟硬程度而增減水分，圖 02-03）。

餡料做法

1. 白蘿蔔絲乾用水浸軟，切細粒；冬菇、蝦米浸軟，切粒；肉碎用調味料醃好。
2. 用生油起鑊，爆香乾葱碎（紅葱拌醬），下肉碎爆香，再加入蝦米、冬菇和白蘿蔔絲乾炒香，下魚露，用生粉水打芡，炒匀，放涼備用（圖 04）。

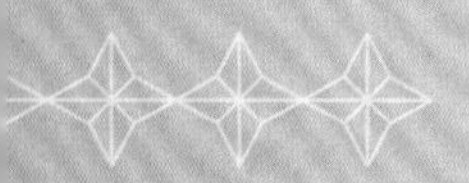

綜合做法

1. 取約 60 克麵糰，捏成窩形，包入 30 克餡料，捏緊收口，收口向下，輕壓扁放在已塗油葉上（圖 05-07）。
2. 以大火蒸約 15 分鐘，期間打開蓋疏氣一次。

小提示

- 皮料的糯米粉和粘米粉比例可按個人喜好而變更。
- 艾草汆水、沖水及擠乾水分後，包好放於冰箱冷凍，可保存至冬季沒艾草售賣時使用。鮮艾草於草藥店有售。

第四章

酥點

這次以傳統的中式酥皮和港式牛油酥皮製作幾道點心，例如以中式酥皮製作黑金酥和椒鹽松子芝麻酥；以港式牛油酥皮製作蟹鉗酥。

中式酥皮的做法用小包酥，水皮、酥心分割成小麵糰後分別包製、擀捲，容易擀捲，而且層次清晰，酥鬆性好，原理是於麵糰中裹入油脂，經過反覆折疊，形成數百層。麵皮和油脂的分層在烤焗的時候，麵粉顆粒被油脂顆粒包圍隔開，麵粉顆粒間的距離擴大，空隙中充滿了空氣，空氣受熱膨脹，使成品疏鬆，形成層次分明又香酥可口的酥皮。製作時要注意：包酥要均勻；收口不可太厚；擀酥要輕，厚薄均勻；防止皮乾；少用手粉；擀摺與包餡前要充分鬆弛。

港式牛油酥皮是油酥麵糰，使用油脂、麵粉、蛋和砂糖等原材料製作而成，特點是酥層酥鬆、色澤美麗、味道豐富。除此之外，掌握正確的爐溫是重點，過低的爐溫會令成品酥脆度不夠；過高則會外焦內生，適當的爐溫在 170-220℃之間。

松葉蟹鉗酥

「拿酥」就是茶樓製作雞批和甘露酥的麵糰，點心師傅在製作麵糰後，用手直接拿來用，並不會磅秤故叫作「拿酥」，是類似曲奇餅底的一種。松葉蟹鉗、蟹肉和蘑菇雞粒的配合就像高級版雞批，是一款適合宴客的鹹點。

＊可做成 14 個

拿酥皮材料

無鹽牛油…175 克
砂糖…40 克
上白糖…35 克
蛋…18 克
高筋麵粉…25 克
低筋麵粉…200 克
奶粉…25 克
松葉蟹鉗…14 隻

蘑菇雞粒餡料

蘑菇…80 克
蒜蓉…適量
洋葱粒…80 克
雞肉粒…90 克
蟹肉…100 克
淡忌廉…60 克
芝士碎…40 克
橄欖油…適量
黑椒…適量
海鹽…1 克
生粉…8 克（調成生粉水）

雞肉調味料

海鹽…1 克
砂糖…1 克
粟粉…2 克

①
②
③
④
⑤
⑥
⑦

拿酥皮做法

1. 松葉蟹鉗解凍（圖 01）。
2. 麵粉、奶粉過篩。
3. 無鹽牛油放軟，和砂糖、上白糖打起，加入蛋攪拌均勻，拌入麵粉和奶粉（圖 02-03），放入雪櫃略冷藏至稍硬；如冬天可直接使用。

蘑菇雞粒餡料做法

1. 雞肉用調味料醃好，備用。
2. 鍋內放橄欖油爆香洋葱粒、蒜蓉，下雞粒炒至半熟，加入蘑菇和蟹肉炒香（圖 04）。
3. 逐少加入淡忌廉，煮至滾起後下生粉水打芡（圖 05-06）。
4. 加入適量海鹽、黑椒調味，放涼後拌入芝士碎（圖 07），備用。

綜合做法

1. 麵糰分成每份 35 克，其中 20 克壓於二蛋模模具成酥底（圖 08），放入雞肉餡和松葉蟹鉗（圖 09-10），放酥面 15 克（圖 11）。
2. 剔花（圖 12-13），塗上蛋黃液，以 200℃焗約 16 分鐘至金黃色。

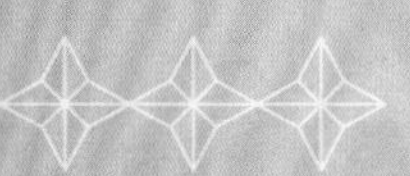

小提示

- 松葉蟹鉗在冷凍海鮮店可購買得到。
- 二蛋模模具在上海街的用品店有售。

黑金酥

最近網紅的一款酥點，賣相高貴，酸甜鳳梨餡配鹹蛋黃，不要說要減肥了！

出蹄示範

造型示範

＊約可做成 8 個

鳳梨餡材料

鳳梨（菠蘿）…1 個（大）
砂糖…250 克
蘋果膠…5 克（烘焙店有售）
無鹽牛油…70 克
鹹蛋…4 隻（大）或 8 隻（小）

水油皮材料

低筋麵粉…60 克
中筋麵粉…60 克
竹炭粉或墨魚粉…3 克
豬油…17 克
砂糖…15 克
水…60 克

油酥皮材料

低筋麵粉…100 克
豬油…50 克
竹炭粉或墨魚粉…3 克

①
②
③
④

鳳梨餡做法

1. 鳳梨削皮、切大塊，略拍打，隔汁（圖 01），加入砂糖、蘋果膠（或可不加）於鍋內，以大火煮成濃稠餡料，拌入無鹽牛油煮溶至稠（圖 02），邊煮邊攪拌避免煮焦。
2. 鹹蛋取出蛋黃，洗淨黃衣，用米酒浸洗，排在焗盤內，放入 180℃ 預熱焗爐焗 8 分鐘（如用大鹹蛋黃，每隻可切成兩份）。
3. 鳳梨餡分成 30 克等份，包入鹹蛋黃（圖 03-04）。

⑤
⑩
⑥
⑪
⑦
⑫
⑧
⑬
⑨
⑭

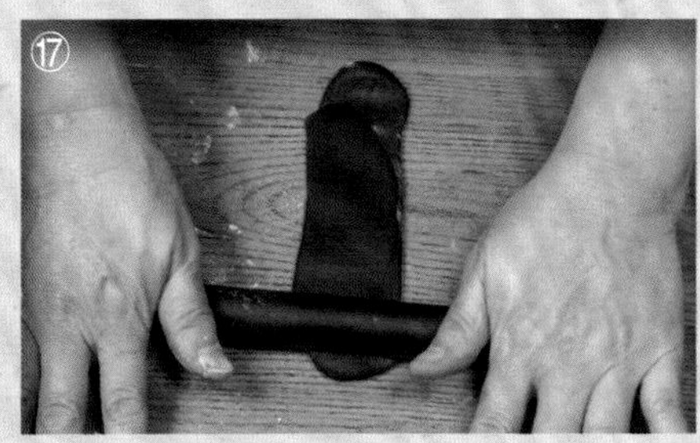

皮料做法

1. 將水油皮材料搓揉至光滑、彈性及鬆身（圖 05-06），分切成 8 份，出蹄。
2. 將油酥皮材料搓揉成薯蓉狀，分切成 8 份，搓圓（圖 07-11）。
3. 將油酥皮包入水油皮中，揑緊收口（圖 12-13），擀成細長薄舌頭形（圖 14-15），由上至下捲起（圖 16）。
4. 捲起後輕壓（圖 17），再由左右向中心摺成三層，用擀麵棍擀成薄圓形。
5. 包入鳳梨餡，掃上食用金粉（圖 18-19），以預熱 170℃焗爐焗約 20 分鐘，即成。

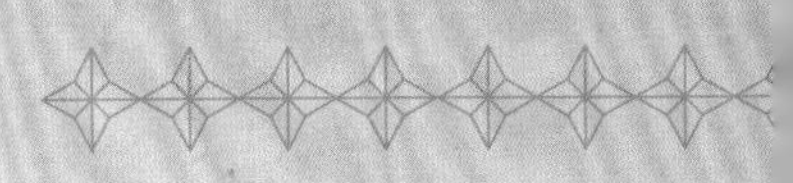

椒鹽松子芝麻酥餅

椒鹽松子芝麻酥餅是中國老酥點，流行於蘇杭、天津，味道甜中帶鹹，質地扎實，香酥可口，讓舌尖上有更多層次感。

造型示範

＊可做成8個

餡料

熟粉（中筋麵粉）…75克
砂糖…25克
黑芝麻…25克
白芝麻…10克
松子仁…25克
椒鹽…3克
麥芽糖…20克
豬油…50克

水皮

中筋麵粉…100克
豬油…30克
水…45克
砂糖…12克
海鹽…1克

油心料

低筋麵粉…80克
豬油…40克

塗面料

蛋黃…2個（塗面用）
白芝麻…適量（灑面用）

①
②
③
④
⑤
⑥
⑦
⑧
⑨
⑩
⑪

餡料做法

1. 中筋麵粉放於白鑊，以中小火炒至麵粉呈微黃色（圖 01），攤平放涼。
2. 將松子仁炒香或烘香，打碎，與其他材料混合，揉搓成長條形餡料（每份約 28 克，圖 02-04）。

酥皮做法

1. 將水皮搓好，平均分成 8 份，出蹄（可參考黑金酥二維碼片段），靜置 10 分鐘；油心料搓至薯蓉狀，分成 8 份，搓圓。
2. 將油皮包入水皮中，收緊收口，用擀麵棍擀開成細長薄條形（約 12cm），由上至下捲起（圖 05-06）。
3. 用擀麵棍擀開成細長薄條形（約 20cm），再由上至下捲起。
4. 用手指在中間壓一下，對摺，輕壓（圖 07），用擀麵棍擀開約 10cm 長，像包餃子般包入餡料，揑緊收口（圖 08-09）。
5. 用擀麵棍擀開成薄長形約 0.8cm X 13cm（圖 10），塗上蛋黃液，在酥面輕刺孔，撒上白芝麻（圖 10-13）。
6. 以 170 ℃ 預熱焗爐，焗約 20 分鐘即成。

第五章

糕點

我國每個地方的糕點各有不同的特色，除了糖果、糕餅、甜羹之外，還有各式各樣的風味鹹點。「糕」是將麵粉、米粉或其他雜糧粉加入適量的液體如水、蛋或油脂調勻，蒸或焗而成。「點」是小巧精緻，卻又有一定分量，味道好，在略感飢餓時候食用的小食品，比零食正式，但一般不能單獨地作為正餐。

糕點最大的特點，是那種充滿濃濃溫情的復古風格，所用材料如番薯、芋頭、蘿蔔、粉類、豆類，這些在街邊店舖司空見慣的小食材，說不上有多麼特殊，也沒有特別創新，卻是歷久不衰的經典味道，會讓人有一種返璞歸真的感覺，也令人喚回小時候的點點回憶。

糕點的種類、炮製方法繁多，不能盡錄，這章節中的食譜只能窺探一二。承接前書，我在此書再收錄了幾款頗有特色又容易製作的糕點，如阿婆糕、度小月芋頭糕、黑芝麻小方糕，讓大家也能掌握箇中竅門。

度小月芋頭糕

度小月是台南出名的麵店，以肉燥聞名，用黑豆蔭油熬煮出香醇的肉燥，配合粉糯的芋頭，絕對是美味的根源。剩下的肉燥用來拌麵或拌燙青菜都很對味。

＊可做成 20cm×20cm×5cm 糕點

度小月肉燥材料

自炸豬油…120 克
梅頭豬肉…500 克
豬腩肉…400 克
紅葱頭…230 克
台灣黑豆蔭油膏…250 克
台灣黑豆蔭油清…50 克
蒜蓉…2 湯匙
薑蓉…2 湯匙
指天椒…5-6 隻
胡椒粉…少許

芋頭糕材料

芋頭…900 克
澄麵…40 克

調味料

砂糖…28 克
雞粉…5 克
鹽…5 克
五香粉…4 克

鋪面料

度小月肉燥…100 克
櫻花蝦…12 克

①
②
③
④
⑤
⑥
⑦

肉燥做法

1. 在鑊內放入豬肥肉炸成豬油 120 克，備用（圖 01）。
2. 豬肉攪拌成肉碎（不要太糜爛）。
3. 紅葱頭切片；指天椒切碎。
4. 紅葱片、蒜蓉、薑蓉用豬油爆香至金黃，下豬肉碎爆炒至轉色及滲出油分。
5. 下指天椒、黑豆蔭油膏、黑豆蔭油清拌炒（圖 02），灑入胡椒粉調味，慢火燜約 2 小時至肉燥變深色和發亮便可。

芋頭糕做法

1. 芋頭刨絲，加入調味料拌勻，加入澄麵拌勻（圖 03）。
2. 芋絲放於蒸盤內，用手壓平（圖 04）。
3. 將肉燥和櫻花蝦炒香（圖 05），薄薄地灑於芋絲面（圖 06-07），大火蒸約 30-40 分鐘，取出放涼後，放雪櫃冷藏至硬。
4. 享用前切成方塊，蒸熱後灑上葱花享用。

小提示

- 如想肉燥味道更濃郁，色澤更亮澤，可隔天再燜煮。
- 台灣黑豆蔭油清及台灣黑豆蔭油膏於台灣食品店有售。

黑芝麻小方糕

在某電視節目看到炮製小方糕，在專門的花紋模內用篩子灑入半乾濕的米粉倒扣出來，再蒸至軟糯香滑。

事隔幾年，我仍然惦記着這款糕點，傳統糕點就是有這種迷人的魔力。直至在淘寶網站看到糕模子，便不加思索的拍下；終於能做到這款好吃又好玩的美味糕點，開心得不得了。

造型示範

白方糕材料

粘米粉…200 克
糯米粉…120 克
砂糖…60 克
水…160 克
糖桂花…1 湯匙
乾桂花…少許（後加）

紫方糕材料

黑米粉…100 克
粘米粉…100 克
糯米粉…120 克
砂糖…60 克
水…165-170 克

黑芝麻餡

黑芝麻…120 克
砂糖…50 克
豬油…70 克

黑米粉

①
②
③
④

方糕做法

1. 將白方糕（圖 01）或紫方糕的材料（圖 02-03）分別放入大碗內，倒入水，用手或攪拌機揉和成散糰。
2. 用 10 目篩過篩（圖 04），分別放入膠袋內，放雪櫃醒麵最少 60 分鐘。

餡料做法

1. 黑芝麻用白鑊炒香，加入其餘材料拌勻。
2. 用食物處理機將材料打滑成黑芝麻餡。

小提示

- 這個食譜可做紫色和白色小方糕各一盤。
- 若買不到黑米粉，可用乾黑米（不是黑糯米）打成粉使用。
- 餡料不可放入太多，否則方糕容易爆裂。

⑤
⑥
⑦
⑧
⑨
⑩
⑪
⑫
⑬
⑭

綜合做法

1. 方糕料冷藏後，在木模內篩入散粉至 2/3 滿（圖 05-07），用擀麵棍壓成洞（圖 08），舀入黑芝麻餡（圖 09-10），再篩滿散粉（圖 11）。
2. 用刮刀或竹尺刮平底部（圖 12），墊上蒸糕墊，蓋上竹架（圖 13-14），小心翻面（圖 15-16），放在蒸籠內，取起木模，白糕面可放上乾桂花裝飾，放蒸籠蒸約 10-12 分鐘。

小提示

- 篩子分為不同目數，目數是指一厘米內有多少孔洞，篩子的孔洞愈多，篩網愈密，篩出來的粉粒愈幼細；如孔洞愈大，篩出來的粉粒則愈大。要配合不同的口感選擇適當的篩子，這款小方糕適合選用 10-16 目的篩子。
- 小方糕木模有 16 個小方孔，孔洞大小 4-5cm、深 2.8cm，在淘寶搜尋小方糕便可找到。

臘味眉豆糕

過年吃膩了蘿蔔糕，可以試試這款眉豆糕，吃素的可以免去臘腸、海味，轉用豆腐乾也非常可口。

＊可做成兩個 15cm 圓形糕點或一個 23cm×23cm×5cm 糕點

材料

乾眉豆…500 克
粘米粉…350 克
粟粉…25 克
臘腸…120 克
甜或辣菜脯…50 克
乾蝦米…45 克
乾瑤柱…45 克
水…1.7 公斤
乾葱頭…2 粒

調味料

鹽…20 克
砂糖…38 克
雞粉…8 克
五香粉…5 克
胡椒粉、麻油…各少許
生油…適量

①
②
③
④
⑤
⑥
⑦
⑧

做法

1. 乾眉豆加水煮約半小時至剛軟。
2. 臘腸蒸軟後，切粒；菜脯切粒；蝦米和瑤柱浸軟，蝦米切粒，瑤柱撕成絲備用。
3. 用大碗放入粟粉、粘米粉混合，加入 1/3 清水及調味料開勻備用（圖 01-02）。
4. 用生油起鑊，爆香乾葱頭，再爆香臘腸、瑤柱、蝦米、菜脯、眉豆（圖 03）（預留少許材料鋪面）；加入其餘清水煮滾（圖 04），撞入步驟 3 調好的粉漿攪勻（圖 05-07）。
5. 糕盤塗油，墊上欅葉（可不墊）（圖 08），倒入糕漿，糕面放預留的材料（圖 09），蒸 90 分鐘至熟透。
6. 放涼後，放入雪櫃冷藏至硬，享用前切件煎香品嘗。

薑汁糕

很多女生愛吃薑，薑可以驅寒暖胃，炮製這糕點宜選用多汁的肉薑，味道不會過辣。蔗糖的顏色影響成品的顏色，可選自己喜歡的蔗糖。

*可做成一個 20cm×20cm×4cm 糕點

材料

肉薑（去皮）…500 克
水…350 克及 200 克
泰國木薯粉…400 克
馬蹄粉…50 克
澄麵…65 克
蔗片糖…340 克

①
blendtec
③
④
②
⑤
⑥

做法

1. 薑去皮，洗淨，切小塊，取 350 克水一同放入攪拌機攪成糊狀，隔去渣（圖 01），盡量壓出所有薑汁（圖 02），備用。
2. 蔗片糖放入 200 克水煮溶成糖水。
3. 將薑汁 700-730 克和糖水 540 克混合（約得 1.25 公斤），放涼備用。
4. 將薑汁糖水與木薯粉、馬蹄粉、澄麵拌勻成粉漿（圖 03-04），過篩隔去雜質（共 1.75 公斤）。
5. 將粉漿淨重量除以 8 份，以計算出每層應有重量（在蒸每一層時倒入相同重量的粉漿；因為粉漿容易沉澱，所以不能一次過倒入所有粉漿蒸熟，而要一層層處理）。
6. 蒸盤塗油，倒入一層粉漿（圖 05-06），倒入前需將粉漿拌勻一下，蒸約 5 分鐘至熟，重複至粉漿蒸完。
7. 蒸好後的糕放涼，存放入雪櫃數小時至硬身，才容易切成工整的形狀，食用時再蒸熱。

小提示

因所用粉類是澱粉，如果糕漿厚，蒸的時間久，粉就會沉底，糕就會底部厚實而面部稀爛，所以要分薄層去蒸才能成功。

得於己快然
及其所之既惓
係之矣向之
為陳迹猶
懷況脩短隨化
古人云死生亦大矣

阿婆芋頭糕

這糕的名字源於番薯粉又叫阿婆粉，材料樸實，調味用鮮椰汁及適量鹽，甜度剛好，做法超簡單，你會一口接一口地吃過不停。

＊可做成一個 20cm×20cm×5cm 糕點

材料

芋頭…600 克
椰青肉…200 克
粘米粉…150 克
木薯粉…20 克
幼番薯粉…20 克
椰汁…700 克
砂糖…190 克
海鹽…2 克
鮮椰絲…適量

做法

1. 芋頭、椰青肉刨絲，放在大碗內混合拌勻。
2. 在大碗內放入粘米粉、木薯粉、幼番薯粉混合好。
3. 椰汁、砂糖、海鹽煮至 60℃，倒入步驟 2 的粉類中，攪拌均勻（圖 01）。
4. 粉漿混合芋絲及椰青肉（圖 02-03），放入已塗油糕盤內，大火蒸約 30-40 分鐘，取出放涼後或放雪櫃冷凍，切成方塊，灑上鮮椰絲享用。

小提示

鮮椰絲在椰子店有售。

第六章

餅點

中式餅食令人垂涎三尺，尤其是一些傳統中式餅食和應節美點，例如京滬餡餅、中秋月餅等。
本章介紹最具傳統風味的廣式月餅，月餅是結合文化象徵、色澤口感及造型手藝的代表。另外，也介紹了利用水調麵糰製作而深受大眾喜愛的洋蔥豬肉餡餅和甘香薄脆的豬肉煎餅等。

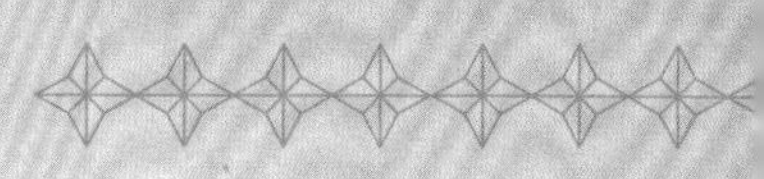

廣式月餅

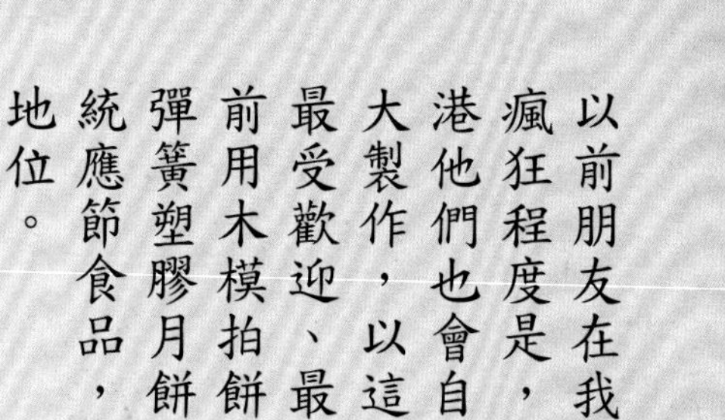

以前朋友在我家做月餅的瘋狂程度是，我人不在香港他們也會自己組團入來大製作，以這款廣式月餅最受歡迎、最好玩。由之前用木模拍餅，到現在用彈簧塑膠月餅模製成的傳統應節食品，具有一定的地位。

造型示範

＊可做成 16 個月餅，每個 80 克

廣式皮材料

低筋麵粉…180 克
＊月餅糖膠…120 克
花生油…40 克
鹼水…1.5 克

＊月餅糖膠做法

砂糖…600 克
蔗片糖…2 片
水…900 克
酸梅…2-3 粒
雞蛋殼…2 個

餡料

市售白蓮蓉或市售豆沙…600 克
鹹蛋黃（原個）…6 個
米酒…少許

紅豆沙餡料

熟紅豆…1.2 公斤
砂糖…320 克
生油…130 克

塗面料

蛋黃液…少許

①
②
③
④
⑤
⑥
⑦

廣式皮做法

1. 將糖膠、花生油、鹼水攪拌均匀，放入麵粉搓成粉糰。
2. 用膠袋包好，醒麵最少 90 分鐘（圖 01-05，圖 05：左的是已醒麵之麵糰；右的是剛搓好的麵糰）。

月餅糖膠做法

將所有材料滾起，取走酸梅，以慢火煮成糖膠，隔去蛋殼，待冷後放於陰涼處最少一個月才可使用。

紅豆沙餡做法

1. 乾紅豆 350 克浸軟，放鍋內加入水，用大火煮約 30 分鐘後，倒掉水分，沖洗豆子（這個步驟可去掉紅豆的苦澀味），再放回鍋子加水至豆面 2-3cm，開火煮至紅豆全部變軟（圖 06）。
2. 將熟紅豆放入攪拌機打成豆沙，加入其餘材料，放在易潔鍋內煮，不斷翻炒至收乾水分，成豆沙（圖 07），分成所需等份，備用。

⑧
TANITA
60
⑨
⑩
⑪
⑫
⑬
⑭
⑮
⑯
⑰

餡料做法

1. 鹹蛋黃洗淨黃衣，用米酒浸洗，排在焗盤，放入 180℃預熱焗爐焗 6 分鐘。
2. 磅上先秤量鹹蛋黃重量，再加上白蓮蓉或紅豆沙秤量餡料總重量（因應模具大小），搓圓（圖 08-10）。

綜合做法

1. 將月餅皮搓成長形，切成 20 克等份，包入餡料 60 克，放入餅格壓出月餅（圖 11-17）。
2. 焗爐面火 210℃、底火 190℃（風爐 200-210℃），噴水在月餅面，入爐烘至餅面有少許焦色（約 6-7 分鐘），取出，掃上蛋黃液（圖 18），再焗至餅面金黃（6-7 分鐘），全程焗約 14 分鐘便成。

小提示

- 因每個鹹蛋黃的重量不一，每個約 8-16 克，所以量秤餡料時要先秤鹹蛋黃，再加入其餘餡料至所需分量。
- 製作廣式月餅最重要是糖膠，月餅糖膠是經過處理的轉化糖漿，要預先煮好並擺放一個月以上時間才能製作月餅，做出來的餅皮才漂亮。如看到糖膠結晶，可以將其煮溶再用，在中式點心材料店有糖膠售賣，可省去煮糖膠的時間。
- 塗蛋黃液時，注意只塗在花紋上，建議使用毛掃，不要使用矽膠掃。蛋黃要選較橙黃色的，毛掃要保持乾爽，沾上少量蛋黃液，塗蛋時要快捷，以免太多蛋黃液留在花紋間，影響花紋的清晰。
- 焗月餅時需要注意，如月餅印好後表面溫度高，或手感太軟的話，可將月餅放入雪櫃冷藏至稍涼才入爐，這讓烘焗出來的成品才不會塌陷。
- 月餅皮一次用不完，可在常溫保存 3 天，做好的月餅要回油 2-3 天才好吃；新鮮焗出來的月餅皮會很硬，要待皮內的油分滲回表面，皮才會變得順滑油潤，這就是回油的意思。
- 如使用小型的月餅模具，只用半個鹹蛋黃，以免印模後鹹蛋黃露出表皮。

不同月餅重量之皮餡比例

一兩半裝月餅（65 克）

皮、餡料共重 65 克；皮重 15 克，餡料重 50 克。

一兩半裝蛋黃月餅（65 克）

皮、餡料、蛋黃共重 65 克；皮重 15 克，餡料、蛋黃共重 50 克。

二兩裝蛋黃月餅（80 克）

皮、餡料、蛋黃共重 80 克；皮重 20 克，餡料、蛋黃共重 60 克（如製成薄皮月餅：皮重 18 克；餡料、蛋黃共重 62 克）。

二兩半裝蛋黃月餅（100 克）

皮、餡料、蛋黃共重 100 克；皮重 25 克，餡料、蛋黃共重 75 克（如製成薄皮月餅：皮重 22 克；餡料、蛋黃共重 78 克）。

50 克月餅（半個蛋黃）

皮、餡料共重 50 克；皮重 10 克，餡料、蛋黃共重 40 克。

萬
壽

洋葱豬肉餡餅

爆汁多餡的餡餅，是我兒子最喜歡的餅食，每次都要吃兩個，多做幾個包好放於冰箱保存，煎時不用解凍，多煎幾分鐘就可以了。熱水麵糰易做易包，快來試試！

*可做成 15 個，每個 55 克

皮材料

中筋麵粉…500 克
海鹽…4 克
砂糖…7 克
熱水（100℃）…115 克
冷水…220 克

餡料

洋葱…500 克
五花腩肉…650 克（攪碎）
*薑葱水…130 克
上湯…40 克
海鹽…8 克
薑蓉…20 克

薑葱水材料

薑…10 片
葱…2-3 棵
水…少許

調味料

砂糖…7 克
雞粉…4 克
米酒…10 克
麻油…10 克
豉油…12 克
胡椒粉…少許

①
②
⑥
⑦
③
④
⑧
⑨
⑤
⑩

皮做法

1. 中筋麵粉加海鹽、砂糖混和。
2. 用熱水燙麵粉，加蓋稍待 2 分鐘後，加冷水調節軟硬度，包好醒麵最少 30 分鐘。

餡料做法

1. 薑葱水做法：將薑、葱洗淨，加水少許，用手搓或放入攪拌機打出汁（圖 01）。
2. 洋葱切細粒，用海鹽 4 克醃至出水，把水分瀝乾，備用。
3. 五花腩肉與 4 克海鹽放盆中，用手或攪拌機打至起膠，下上湯和薑葱水讓碎豬肉吸收水分（圖 02），下調味料拌勻。
4. 最後下薑蓉、洋葱拌勻，放入冰箱冷藏約 30 分鐘（圖 03-04）。

綜合做法

1. 將麵糰搓式長條，分成 55 克等份，出蹄，擀薄，包上 90 克餡料，收口向下，略拍扁（圖 05-08）。
2. 平底鍋放油燒至微熱，放餡餅在鍋內，加水至餡餅 1/4 滿（圖 09），蓋上鍋蓋，以中慢火煮約 6 分鐘。
3. 翻面繼續加蓋煎 6 分鐘，打開鍋蓋，以中火收汁煎至餡餅底不黏底，再煎至兩面金黃（圖 10），如果餡餅曾冷凍，煎餅時間每面增加 3 分鐘。

小提示

包好的餡餅，最好放於冰箱冷藏 15 分鐘才煎，讓湯汁容易滲出。

豬肉煎餅

豬肉煎餅和豬肉餡餅不同之處是，煎餅更像薄餅，鹹香脆口，用冷水麵糰製作，麵糰比較軟身，要放多點油才容易製作，適宜即製即吃。

＊可做成 4-6 個

皮材料

中筋麵粉…420 克
冷水…220 克
豬油或固體菜油…10 克
海鹽…4 克
生油…適量

餡料

京葱…250 克
五花腩肉…400 克（攪碎）
蛋…1 個
薑蓉…20 克

調味料

海鹽…4 克
砂糖…6 克
雞粉…4 克
米酒…10 克
麻油…10 克
生油…15 克
豉油…12 克
胡椒粉…少許
十三香或五香粉…1 克
陳醋…10 克
生粉…10 克

①
②
③
④
⑤
⑥

皮做法

1. 中筋麵粉、豬油、海鹽及水搓成光滑麵糰，用膠袋包好。
2. 麵糰搓滑，分切 4 等份，每份麵糰用約 2 湯匙生油浸最少 15 分鐘讓其鬆身。

餡料做法

1. 京葱切細粒。
2. 攪碎豬肉、蛋、薑蓉及調味料混合攪拌均勻，放於雪櫃冷凍備用。
3. 煎餅前拌入京葱粒，備用。

綜合做法

1. 麵糰擀薄成長形，拉長，塗油，放入餡料 200 克，捲起收邊，稍為壓扁（圖 01-04）。
2. 煎鍋內放油，用小火將餅煎至兩面金黃（圖 05-06）。

第七章

糖水及甜點

中式糖水款式多，隨着不同季節有不同的配搭，糖水能滋潤身體，對身體有補益作用，或能滋陰調氣，或能養顏活血，或能潤腸通便，或帶抗氧化之功效。

本章介紹一款流行於江南一帶的糖水「酒釀丸子」，它具有健脾開胃、舒筋活血、祛濕消痰、補血養顏的功效。還有帶東南亞風味的泰國芋頭西米露和港式懷舊經典甜品蓮蓉西米布甸，希望大家喜歡。

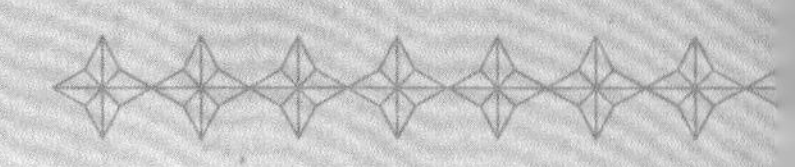

桂花酒釀丸子

這道上海甜品不是很多地方做得好吃，不是太酸便是酒釀不夠濃，湯汁也推得太糊。在深圳吃過很讚的，她們的湯汁用馬蹄粉調，清爽可口，亦充滿桂花香。

材料

糯米粉…150 克

水…130 克

糯米酒釀…170 克

糖水桂花…40 克

馬蹄粉…30 克

水…1 公升

冰糖…130 克

①

②

③

④

⑤

做法

1. 糯米粉用水 130 克搓成軟糰，搓長，分成小粒，輕輕搓成圓形。
2. 煮滾水一鍋，將丸子煮熟（水滾落丸子，煮至浮起便熟），隔去水分，用冷水沖去膠質（圖 01）。
3. 馬蹄粉用適量水調開（圖 02），隔去雜質備用。
4. 將其餘水分，與冰糖、糖水桂花煮滾，下糯米酒釀再滾起，收細火（圖 03）。
5. 將馬蹄粉水徐徐加下（圖 04），煮成稀糊，加熟丸子（圖 05）再滾起便成。

小提示

材料在南貨店或超市有售，如糖桂花及糯米酒釀。

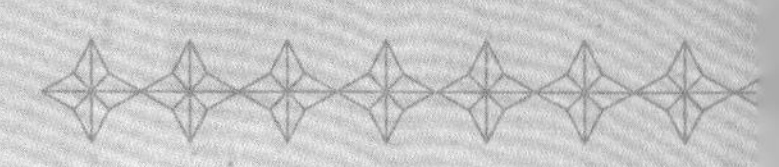

蓮蓉西米布甸

這是懷舊經典甜品，很少地方可以吃到了，冬天是需要卡路里去保暖的！喜歡的話可以轉做芋蓉餡啊！

材料

乾西米…115 克
砂糖…100 克
水…750 克
粟粉…40 克
吉士粉…40 克
花奶…80 克
蛋…180 克
牛油…75 克
椰漿…200 克
蓮蓉…200 克

塗面料

蛋黃液…少許

①
②
③
④
⑤
⑥
⑦
⑧

做法

1. 西米不要用水洗，燒滾水下西米，水滾後再煮約 5 分鐘，關火，蓋好，待每粒中央還有一點白色，外圍透明，用冷水沖洗至冷卻和去掉膠質（圖 01）；若煮多了，可以包好放冰箱保存，使用時沖水即可。
2. 蛋、半份砂糖、粟粉、吉士粉和水 100 克拌勻（圖 02），隔去雜質。
3. 其餘砂糖煮滾，收慢火，一邊慢慢加入步驟 2 的蛋漿（圖 03），一邊攪拌，加入花奶、椰漿及西米，繼續煮至稀糊狀（圖 04-06），加牛油，攪勻收火。
4. 蓮蓉每份約 25 克，按成扁平圓形。
5. 焗盅塗抹牛油，下 1/3 西米漿，放一片蓮蓉餡（圖 07），再下西米漿至八成滿。
6. 塗蛋黃液在面（圖 08），放入預熱 200℃ 焗爐焗約 20 分鐘，至表面金黃即可。

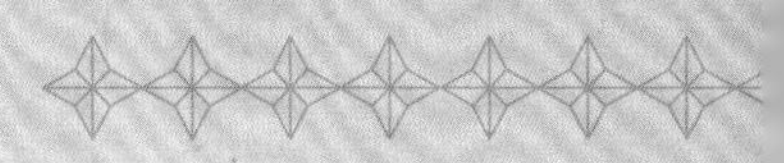

泰國芋頭西米露

中學時代，在西貢舊墟有一個泰國過埠新娘，在泰家中閣樓賣泰國小吃，間中她會做泰國芋頭西米露，重點是放了足夠海鹽去調味、大粒西米Q彈、椰汁芋頭粉香，吃一口你會愛上。

材料

乾泰國大粒西米…半包
芋頭…半個
椰漿…適量
冰糖…適量
海鹽…少許
水…適量

做法

1. 將西米用滾水煮約 15 分鐘，收火，焗一會至稍涼，再開火煮滾，再焗一會稍涼，重複至西米周圍透明，中央有白點，用冷水沖洗至冷卻和去掉膠質（附圖）。
2. 芋頭去皮、切大粒，一半加水煮成蓉，另一半稍遲放入煮至軟身。
3. 加入冰糖煮至糖溶化，加入西米粒、椰漿，下海鹽試味至鹹甜適中，即可食用。

小提示

將煮好用剩的西米包好，放冰箱冷凍儲存，用時沖水至散開，便可以拌熱糖水使用。

中式點心用料供應處

香港島

各式傳統醬料、紅薑	九龍醬園	中環嘉咸街 9 號 電話：2544 3695
泰式香料和各式香料	成發椰子香料有限公司	堅尼地城海旁 48-49 號地下 18 號舖 電話：2572 7725
中西式點心材料	二德惠	• 灣仔柯布連道 5 號耀基商業大廈 1 樓 電話：3188 1887 • 太古康山道 1 號康怡廣場北座 M 層 Fresh 新鮮生活概念店中庭 電話：3952 0555
各式傳統醬料、紅薑、皮蛋	八珍	筲箕灣東大街 128F 電話：2569 2296
各式麵粉、西餐香料	Citysuper	銅鑼灣時代廣場
各式麵粉、西餐香料	崇光百貨公司	軒尼詩道 555 號（近銅鑼灣地鐵站）
日式用料、醬料、麵粉	Aeon	• 鰂魚涌康山道 2 號康怡廣場（南） • 銅鑼灣京士頓街 9 號地下及一樓
中西式點心材料	新記	柴灣豐業街 5 號華盛中心 9 字樓 C 及 D 室 電話：2527 1958
中西式點心材料	榮生祥	柴灣嘉業街 56 號安全貨倉工業大廈 7 字樓 電話：2557 9333 / 2896 9600

九龍

甜忌廉 (中式點心用料)	樂天號食品公司	旺角白布街 18 號地下 電話：2385 9442 / 2771 0692
中西式點心材料	二德惠	油麻地上海街 395-397 號安業商業大廈 1 字樓 電話：3188 1834

各式香料、鮮椰汁	廣發號	油麻地新填地街 36 號地下 電話：2771 8079
高筋麵粉、糕粉、甜忌廉、栗子蓉、各式中式點心材料、澄麵、醬料和餡料	新信興	旺角廣東道 974 號地下 電話：2395 5366
各式上海南貨	新三陽南貨	九龍城侯王道 49 號地下 電話：2382 3780
各式傳統醬料、紅薑、皮蛋	八珍	旺角花園街 136A 電話：2394 8777
各式麵粉、西餐香料	Citysuper	尖沙咀中港城
各式麵粉、西餐香料	崇光百貨公司	尖沙咀彌敦道 20 號
日式用料、醬料、麵粉	Aeon	• 紅磡黃埔新天地第 5 及 6 期地面及地庫 • 九龍灣宏照道 38 號企業廣場 5 期 MegaBox 一樓及二樓
高筋麵粉、糕粉、各式中式點心材料和餡料	長江食品製造廠	新蒲崗大有街 4 號旺景工業大廈地下 B 座後部份 4D 電話：2383 0511
高筋麵粉、糕粉、各式中式點心材料和餡料	東源號	大角咀洋松街 64 至 76 號長發工業大廈 11 字樓 7 室 電話：2396 3671
醬油、醬料、甜醋	冠和酒行	九龍城侯王道 93 號 電話：2382 3993 / 2383 4687

新界

中式醬料和餡料	正和隆	上水嘉富坊 3 號上水貿易廣場 B 座 2 樓 13B 室 電話：2670 3486
日式用料、醬料、麵粉	Aeon	• 新界屯門屯順街 1 號屯門市廣場 1 期 • 新界荃灣大河道 88 號灣景廣場購物中心地下至 3 樓

著者
獨角仙

責任編輯
簡詠怡

裝幀設計
羅美齡

攝影
Jay Wu

排版
楊詠雯、辛紅梅

出版者
萬里機構出版有限公司
香港北角英皇道 499 號北角工業大廈 20 樓
電話：2564 7511　　傳真：2565 5539
電郵：info@wanlibk.com
網址：http://www.wanlibk.com
http://www.facebook.com/wanlibk

發行者
香港聯合書刊物流有限公司
香港荃灣德士古道 220-248 號荃灣工業中心 16 樓
電話：2150 2100　　傳真：2407 3062
電郵：info@suplogistics.com.hk
網址：http://www.suplogistics.com.hk

承印者
中華商務彩色印刷有限公司
香港新界大埔汀麗路 36 號

出版日期
二〇二二年二月第一次印刷

規格
特 16 開（240 mm × 170 mm）

Published in Hong Kong, China.
Printed in China.

ISBN 978-962-14-7394-3